Nicole Stoffelshaus

Ein Beitrag zur Optimierung des Wissenstransfers in der Einzelfertigung

Ein Beitrag zur Optimierung des Wissenstransfers in der Einzelfertigung

Nicole Stoffelshaus

Universitätsverlag Ilmenau
2020

Impressum

Bibliografische Information der Deutschen Nationalbibliothek
Die Deutsche Nationalbibliothek verzeichnet diese Publikation in der Deutschen Nationalbibliografie; detaillierte bibliografische Angaben sind im Internet über http://dnb.d-nb.de abrufbar.

Diese Arbeit hat der Fakultät für Maschinenbau der Technischen Universität Ilmenau als Dissertation vorgelegen.

Tag der Einreichung:	1. November 2019
1. Gutachter:	Univ.-Prof. Dr.-Ing. habil. Prof. h.c. Peter Kurtz (Technische Universität Ilmenau)
2. Gutachter:	Univ.-Prof. Dipl.-Ing. Dr. med. (habil.) Hartmut Witte (Technische Universität Ilmenau)
3. Gutachter:	Dr.-Ing. Mario Dewald (Siemens AG)
Tag der Verteidigung:	5. Juni 2020

Technische Universität Ilmenau/Universitätsbibliothek
Universitätsverlag Ilmenau
Postfach 10 05 65
98684 Ilmenau
http://www.tu-ilmenau.de/universitaetsverlag

ISBN 978-3-86360-223-9 (Druckausgabe)
URN urn:nbn:de:gbv:ilm1-2020000201

Titelgrafik: Veit Henkel | Fakultät für Maschinenbau, TU Ilmenau

Danksagung

An dieser Stelle möchte ich mich bei allen Menschen bedanken, die mich während der Zeit der Promotion sowohl fachlich als auch menschlich unterstützt und somit wesentlich zum Erfolg beigetragen haben.

Mein Dank gilt Herrn Univ.-Prof. Dr.-Ing. habil. Prof. h.c. Peter Kurtz für die jahrelange Betreuung, die Möglichkeit zur Promotion sowie für die konstruktiven fachlichen Gespräche während der Anfertigung der Arbeit. Weiterhin möchte ich mich bei Herrn Univ.-Prof. Dipl.-Ing. Dr. med. (habil.) Hartmut Witte für die Übernahme des Zweitgutachtens, die konstruktive Kritik sowie die wertvolle Unterstützung bei der Vorbereitung auf die öffentliche Verteidigung bedanken. Ebenfalls gilt mein Dank Herrn Dr.-Ing. Mario Dewald für die Erstellung des Drittgutachtens und die moralische Unterstützung.

Mein besonderer Dank gilt Herrn Univ.-Prof. Dr.-Ing. habil. Hartmut Enderlein für die jahrelange Betreuung, die zahlreichen wertvollen Gespräche auf fachlicher und persönlicher Ebene, die wertvollen Literaturvorschläge, das Vertrauen in meine Arbeit sowie den unbezahlbaren Zugang zu seinem wissenschaftlichen Netzwerk. Überdies bin ich sehr dankbar für die kontinuierliche Begleitung, den unermüdlichen Einsatz und die zielgerichtete Unterstützung in allen Phasen der Promotion.

Weiterhin danke ich Herrn Sen.-Prof. Dr. rer.nat.habil. Dr. phil.h.c. Winfried Hacker für die Möglichkeit der fachlichen Konsultationen in den Anfängen der Arbeit als wertvolle Unterstützung bei der Orientierung im Fachbereich der Arbeitspsychologie.

Ebenfalls möchte ich meinen Kolleginnen und Kollegen der Siemens AG am Standort Mülheim an der Ruhr danken, die die Arbeit erst durch die Schaffung organisatorischer Rahmenbedingungen, Teilnahme an Interviews, Beantwortung von Fragebögen, Bereitstellung von Informationen und der Teilnahme an den Versuchen ermöglicht haben.

Nicht zuletzt gilt mein besonderer Dank den Menschen in meinem privaten Umfeld, die mich in vielfältiger Weise während der Erstellung der Arbeit unterstützt und motiviert haben. Hervorheben möchte ich hier meinen Lebensgefährten Herrn Sebastian Höhn, der vor allem während der Endphase durch viel Verständnis, moralischen Beistand und Übernahme privater Verpflichtungen eine große Unterstützung war. Ebenfalls gilt mein besonderer Dank Frau Barbara Gutowski für den unermüdlichen Zuspruch, die Energie sowie die aufbauenden Worte. Weiterhin danke ich Frau Corina und Herrn Carsten Oswald sowie Frau Annika und Herrn Wolfgang Schoch für die Unterstützung bei der sprachlichen Korrektur der Arbeit.

Vielen Dank!

Gender-Erklärung

Aus Gründen der besseren Lesbarkeit wird in der vorliegenden Arbeit für personenbezogene Substantive und Pronomen sowie Personenbezeichnungen jeglicher Art die männliche Sprachform verwendet. Es wird an dieser Stelle darauf hingewiesen, dass die ausschließliche Verwendung der männlichen Form geschlechtsunabhängig verstanden werden soll und keine Benachteiligung des weiblichen Geschlechts impliziert, sondern lediglich dem vereinfachten Lesefluss dienen soll.

Kurzzusammenfassung

Wissen entwickelt sich immer mehr zur wichtigsten Ressource der Unternehmen. Besonders in der Einzelfertigung stellt das Wissen erfahrener Mitarbeiter ein kritisches Erfolgspotenzial zum Erhalt der Wettbewerbsfähigkeit sowie zu Auf- und Ausbau von Wettbewerbsvorteilen dar. Bedingt durch die charakteristischen Eigenschaften der Einzelfertigung, wie wenig detaillierte Arbeitsvorgaben, große Arbeitsinhalte und eine hohe Komplexität von Produkten und Prozessen, ist ein umfangreiches Spezial- und Erfahrungswissen zur qualitäts- und zielgerichteten Durchführung der Arbeitshandlungen unerlässlich.

Zum Erhalt dieser wichtigen Ressource in der Einzelfertigung und zur Reduzierung des Risikos des Wissensverlustes bei Ausscheiden erfahrener Mitarbeiter bedarf es der Etablierung effizienter Lösungen. Übliche Methoden zum Wissenstransfer sind hierzu jedoch aufgrund der charakteristischen Eigenschaften der Einzelfertigung sowie zumeist fehlender Betrachtung der komplexen Wissensstruktur erfahrener Mitarbeiter zur Regulation der Arbeitshandlungen in der Einzelfertigung nur bedingt geeignet.

In der vorliegenden Arbeit wird daher eine Methode entwickelt, die es ermöglicht, die Wissensinhalte der komplexen Wissensstrukturen erfahrener Mitarbeiter zur erfolgreichen Handlungsdurchführung in der Einzelfertigung zu heben und auf junge Mitarbeiter zu übertragen. Hierzu wird zunächst, basierend auf arbeitspsychologischen Theorien zur Handlungsregulation, die Beziehung zwischen dem Wissen des erfahrenen Mitarbeiters und dessen Handeln im Arbeitsprozess herausgearbeitet. Ausgehend von diesen Erkenntnissen werden die Anforderungen an die Methode definiert sowie eine allgemeingültige Referenzmethode zum Einsatz in der Einzelfertigung entwickelt. Anschließend wird, basierend auf der Referenzmethode, eine, an den Einsatzbereich adaptierte, spezifische Methode in einem systematisch geleiteten partizipativen Verfahren mit Mitarbeitern der Dampfturbinenfertigung der Siemens AG am Standort Mülheim an der Ruhr erarbeitet und angewandt.

Die multifaktorielle Wirksamkeit der entwickelten Methode sowohl für die anwendenden Mitarbeiter, den Anlernprozess und die Organisation als Ganzes durch die erfolgreiche Übertragung des Spezial- und Erfahrungswissens erfahrener Mitarbeiter konnte anhand der Ergebnisse der Vorversuche sowie durch Expertenbefragungen bestätigt werden.

Abstract

Knowledge is becoming more and more the most important resource for companies. Especially in single piece production the knowledge of experienced employees represents a critical success potential for maintaining competitiveness as well as for establishing and expanding competitive advantages. Due to the characteristic features of single piece production, such as little detailed work specifications, large work scope and a high complexity of products and processes extensive expert and experience knowledge is indispensable for the quality- and target-oriented execution of workflow.

In order to preserve this important resource in single piece production and to reduce the risk of loss of knowledge, when experienced employees leave, solutions must be established. Due to the characteristic features of single piece production and the lack of consideration of the complex knowledge structure of experienced employees, conventional methods for knowledge transfer are only suitable to a limited extent.

Hence, in this present work, a method is developed which makes it possible to raise the knowledge content of the complex knowledge structures of experienced employees for successful workflow implementation in single piece production and to transfer it to young employees. Firstly, the relationship between the knowledge of the experienced employee and his actions in the workflow is first worked out on the basis of industrial psychological theories on action regulation. On the basis of these findings, the requirements for the method are defined and a generally applicable reference method for use in single piece production is developed. Secondly, based on the reference method a specific method adapted to the area of application will be developed and applied in a systematically guided participatory process with employees from Siemens AG's steam turbine manufacturing at Muelheim an der Ruhr.

The multifactorial effectiveness of the developed method for employees applying this method, the learning process and the organization as a whole could be confirmed through the successful transfer of the expert and experience knowledge of experienced employees and on the basis of the results of the preliminary tests and expert surveys.

Inhaltsverzeichnis

Abbildungsverzeichnis XII

Tabellenverzeichnis XIV

Formelverzeichnis XV

Abkürzungsverzeichnis XVI

1 Einleitung 1

1.1 Ausgangssituation und Problemstellung 1

1.2 Vorgehensweise und Zielsetzung 4

2 Grundlagen 7

2.1 Einzelfertigung 7

2.1.1 Charakteristika der Einzelfertigung 12

2.2 Wissen 14

2.2.1 Daten - Information - Wissen 14

2.2.2 Handlungsfelder des Informations- und Wissensmanagements 18

2.3 Klassifikation des Wissens 20

2.3.1 Personenbezogene und nicht personenbezogene Wissensträger 20

2.3.2 Implizites und explizites Wissen 21

2.3.3 Deklaratives Wissen und prozedurales Wissen 24

2.3.4 Postfiguratives, konfiguratives und präfiguratives Wissen 26

2.3.5 Handlungswissen 26

2.3.6 Erfahrungswissen 27

2.4 Handlung und Handlungsregulation 29

2.4.1 Tätigkeit, Handlung und Operation 29

2.4.2 Objektivierendes und subjektivierendes Arbeitshandeln 31

2.4.3 Theorie der Handlungsregulation 33

2.5 Modelle des Wissensmanagements und Methoden zum Wissenstransfer 48

2.5.1 Das Bausteinmodell 48

2.5.2 Modell der Wissensspirale 49

2.5.3 Ansätze zum Wissenstransfer 51

3 Abgrenzung des Untersuchungsbereichs 57
3.1 Definition der Einflussgrößen 57
3.2 Entwicklung von Kriterien für die Abgrenzung des Untersuchungsbereichs 59
3.3 Abgrenzung des Untersuchungsbereichs innerhalb der Dampfturbinenfertigung 63
3.3.1 Vorstellung der Dampfturbinenfertigung und Grobabgrenzung des Untersuchungsbereichs 63
3.3.2 Aufnahme der Prozesse innerhalb der Rotor- und Gehäusefertigung 68
3.3.3 Detailabgrenzung innerhalb der Rotor- und Gehäusefertigung 69
4 Retrospektiver Längsschnitt zum Wissenstransfer in der Dampfturbinenfertigung 73
4.1 Interviewanalyse 74
4.2 Erkenntnisse der Interviewanalyse 76
5 Methode zur Optimierung des Wissenstransfers 77
5.1 Wissenschaftliche Erarbeitung einer Referenzmethode 77
5.1.1 Definition der Anforderungen 77
5.1.2 Methodenentwicklung 79
5.2 Partizipative Erarbeitung einer spezifischen Methode für den Einsatz in der Dampfturbinenfertigung 88
5.2.1 Vorbereitung und Vorgehensweise 89
5.2.2 Abgrenzung für die Beteiligten relevanter Wissensteilgebiete 91
5.2.3 Erfassung gelebter und möglicher Wissenstransfermethoden 94
5.2.4 Erarbeitung einer systematischen Methode zur Übertragung des Wissens im Anlernprozess 96
5.2.5 Ergänzung der Wissensteilgebiete und Erstellung eines Aufnahmebogens 97
6 Validierung der Wirksamkeit der Methode 103
6.1 Expertenbefragung zur Wirksamkeit der Methode 103
6.2 Erwartungen und Ziele zur Wirksamkeit der Methode 105
6.2.1 Grundlegende Ziele und Erwartungen zur Anwendbarkeit 106
6.2.2 Grundlegende Ziele und Erwartungen an den partizipativen Gruppenprozess 107

6.2.3 Ziele und Erwartungen an die Wirksamkeit für den anzulernenden und erfahrenen Mitarbeiter 111

6.2.4 Ziele und Erwartungen an die Wirksamkeit für den Anlernprozess 120

6.2.5 Ziele und Erwartungen an die Wirksamkeit für die Organisation 123

7 Kritische Würdigung und Ausblick 125

7.1 Kritische Würdigung 125

7.2 Grenzen der Methode 130

7.3 Ausblick und Entwicklungspotenzial 131

8 Zusammenfassung 133

9 Literaturverzeichnis 135

10 Anhang 149

Abbildungsverzeichnis

Abbildung 2.1: Einordnung der Fertigungsarten anhand der Wiederholhäufigkeit und der produzierten Jahresstückzahl ... 9
Abbildung 2.2: Hierarchische Beziehungen der Begriffe Zeichen, Daten, Information und Wissen ... 15
Abbildung 2.3: Wissenstreppe ... 17
Abbildung 2.4: ACT-Modell ... 24
Abbildung 2.5: Schematische Darstellung des hierarchischen Aufbaus der Tätigkeit ... 29
Abbildung 2.6: Die zyklische Einheit ... 34
Abbildung 2.7: Die hierarchisch-sequentielle Organisation der Handlung ... 36
Abbildung 2.8: Schematische Darstellung der regulativen Funktionseinheit ... 43
Abbildung 2.9: Leerstellen-Schema ... 47
Abbildung 2.10: Baustein Modell ... 49
Abbildung 2.11: Formen der Wissensumwandlung ... 50
Abbildung 2.12: Die Wissensspirale ... 51
Abbildung 2.13: Aufgabenrelevevante Informationen, Informationen einer Person und Informationen mehrerer Personen - Veränderung der Beziehungen durch den AI ... 56
Abbildung 3.1: Fertigungsbereiche der Dampfturbinenfertigung ... 63
Abbildung 3.2: Senkrechtdrehmaschine in der Gehäusefertigung ... 66
Abbildung 5.1: Gliederung der Arbeitshandlungen ... 80
Abbildung 5.2: Beispielhaftes Schema zur Zielegliederung ... 81
Abbildung 5.3: Prozess zur Übertragung des Spezial- und Erfahrungswissens im Anlernprozess ... 83
Abbildung 5.4: Inhaltliche Ausgestaltung der Gruppenrunden anhand der Leitfragen ... 91
Abbildung 5.5: PDCA-Zyklus nach Deming ... 98
Abbildung 6.1: Multifaktorielle Wirksamkeit der Methode ... 105
Abbildung 6.2: Ergebnis der Expertenbefragung - Verständlichkeit und Anwendbarkeit der Methode ... 106
Abbildung 6.3: Ergebnis der Expertenbefragung - Integrierbarkeit der Methode in den Anlernalltag ... 107
Abbildung 6.4: Ergebnis der Expertenbefragung - partizipativer Gruppenprozess ... 109
Abbildung 6.5: Effekte der Wirksamkeit für erfahrenen und anzulernenden Mitarbeiter ... 112
Abbildung 6.6: Ergebnis der Expertenbefragung - Systematik der Methode ... 113

Abbildung 6.7: Ergebnis der Expertenbefragung - Kommunikation und Vertiefung der Nachfragen ... 115
Abbildung 6.8: Aufnahmebögen zu Beginn und im weiteren Verlauf der Methodenanwendung ... 116
Abbildung 6.9: Beispiel für eine Zeichnung zum Spannvorgang ... 117
Abbildung 6.10: Ergebnis der Expertenbefragung - Nachschlagewerk ... 119
Abbildung 6.11: Ergebnis der Expertenbefragung - Zuwachs an Qualifikation ... 120
Abbildung 6.12: Ergebnis der Expertenbefragung - Systematisierung Anlernprozess ... 121
Abbildung 6.13: Ergebnis der Expertenbefragung - Reduzierung Anlernzeit ... 121
Abbildung 6.14: Ergebnis der Expertenbefragung - Durchschnittliche Reduktion der Anlernzeit ... 122
Abbildung 6.15: Ergebnis der Expertenbefragung - Wirksamkeit der Methode für die Organisation ... 124
Abbildung 7.1: Ziele und Erwartungen zur Wirksamkeit der Methode ... 126
Abbildung 10.1: Beispielhafter Aufnahmebogen zur Protokollierung des Spezial- und Erfahrungswissens ... 162
Abbildung 10.2: Erster Lösungsvorschlag eines Aufnahmeschemas für den Kernprozess Spannen ... 163
Abbildung 10.3: Erster Lösungsvorschlag eines Aufnahmeschemas für den Kernprozess Drehen ... 164
Abbildung 10.4: Erster Lösungsvorschlag eines Aufnahmeschemas für den Kernprozess Bohren ... 165
Abbildung 10.5: Finaler Aufnahmebogen für den Kernprozess Spannen ... 166
Abbildung 10.6: Finaler Aufnahmebogen für den Kernprozess Drehen ... 167
Abbildung 10.7: Finaler Aufnahmebogen für den Kernprozess Bohren ... 168
Abbildung 10.8: Rückseite der finalen Aufnahmebögen ... 169
Abbildung 10.9: Expertenbefragung (Teil 1) ... 170
Abbildung 10.10: Expertenbefragung (Teil 2) ... 171
Abbildung 10.11: Expertenbefragung (Teil 3) ... 172
Abbildung 10.12: Expertenbefragung (Teil 4) ... 173
Abbildung 10.13: Ergebnis der Expertenbefragung - Anwendung der Methode und Aufnahmebögen ... 174
Abbildung 10.14: Ergebnis der Expertenbefragung - Gemeinsame Erarbeitung in Gruppenrunden ... 175
Abbildung 10.15: Ergebnis der Expertenbefragung - Bedeutung für Anlernprozess und Organisation ... 176

Tabellenverzeichnis

Tabelle 2.1: Typologische Merkmalsausprägungen für die Einzelfertigung ... 11
Tabelle 2.2: Ebenen der Handlungsregulation ... 38
Tabelle 3.1: Ausprägungen der Einflussgrößen zur Abgrenzung des Untersuchungsbereichs ... 59
Tabelle 3.2: Typologische Merkmalsausprägungen und Fertigungscharakteristika der Fertigungsbereiche innerhalb der Dampfturbinenfertigung ... 65
Tabelle 3.3: Beispiel Prozessaufnahme ... 69
Tabelle 3.4: Beispiel Ausprägung Einflussgrößen ... 70
Tabelle 3.5: Beispiel Berechnung gewichtete Erfahrungserwartungskennzahl für einen Arbeitsplatz ... 70
Tabelle 5.1: Erforderliche Inhalte des Aufnahmebogens ... 87
Tabelle 5.2: Abgrenzung Wissensteilgebiete, Herkunft der Information zu deren Abdeckung und Möglichkeiten zur Übertragung ... 95
Tabelle 5.3: Vorgehensweise zur Übertragung des Spezial- und Erfahrungswissens in der Dampfturbinenfertigung ... 97
Tabelle 5.4: Geforderte Wissensteilgebiete/Inhalte aus Referenzmethode und spezifischer Methode ... 100
Tabelle 10.1: Prozessaufnahme Gehäusefertigung - Bau 80 ... 149
Tabelle 10.2: Prozessaufnahme Gehäusefertigung - Bau 81 (Teil1) ... 150
Tabelle 10.3: Prozessaufnahme Gehäusefertigung - Bau 81 (Teil2) ... 151
Tabelle 10.4: Prozessaufnahme Rotorfertigung ... 152
Tabelle 10.5: Ausprägung Einflussfaktoren und Ermittlung der EEK_x in der Gehäusefertigung - Bau 80 ... 153
Tabelle 10.6: Ausprägung Einflussfaktoren und Ermittlung der EEK_x in der Gehäusefertigung - Bau 81 ... 154
Tabelle 10.7: Ausprägung Einflussfaktoren und Ermittlung der EEK_x in der Rotorfertigung ... 155
Tabelle 10.8: Erfahrungserwartungskennzahl je Arbeitsplatz - Rotorfertigung ... 156
Tabelle 10.9: Erfahrungserwartungskennzahl je Arbeitsplatz – Gehäusefertigung Bau 80 ... 157
Tabelle 10.10: Erfahrungserwartungskennzahl je Arbeitsplatz – Gehäusefertigung Bau 81 ... 158
Tabelle 10.11: Fragenkatalog zum retrospektiven Längsschnitt (Teil 1) ... 159
Tabelle 10.12: Fragenkatalog zum retrospektiven Längsschnitt (Teil 2) ... 160
Tabelle 10.13: Fragenkatalog zum retrospektiven Längsschnitt (Teil 3) ... 161

Formelverzeichnis

Formel 3.1: Erfahrungserwartungskennzahl für Prozess x 61
Formel 3.2: Durchschnittliche Gesamtbearbeitungszeit für Prozess x an Arbeitsplatz y 61
Formel 3.3: Erfahrungserwartungkennzahl über alle Prozesse x an Arbeitsplatz y 62
Formel 3.4: Erfahrungserwartungskennzahl für Arbeitsplatz y 62
Formel 3.5: Erfahrungserwartungskennzahl für den Arbeitsplatz Pama 71

Abkürzungsverzeichnis

ACT	Adaptive Control of Thoughts
AG	Außengehäuse
AI	Aufgabenbezogener Informationsaustausch
B_x	Beeinflussbarkeit des Prozesses x
c	Produktcluster
DVD	Digital Versatile Disc
D_{xy}	Durchschnittliche Gesamtbearbeitungszeit für Prozess x an Arbeitsplatz y
d_{xyc}	Durchschnittliche Bearbeitungszeit von Prozess x an Arbeitsplatz y für Produktcluster c
EEK_{Gy}	Erfahrungserwartungskennzahl für alle Prozesse an Arbeitsplatz y
EEK_x	Erfahrungserwartungskennzahl für Prozess x
EEK_{xy}	Erfahrungserwartungskennzahl für Prozess x an Arbeitsplatz y
EEKy	Erfahrungserwartungskennzahl für Arbeitsplatz y
E_x	Erfordernis des schnellen Eingreifens/unmittelbaren Handelns bei Prozess x
FIR	Forschungsinstitut für Rationalisierung
IG	Innengehäuse
M_c	Anzahl zu fertigender Produkte in Cluster c
OAS	Operative Abbildsysteme
PDCA	Plan Do Check Act
P_x	Möglichkeit zur Planung bei Prozess x
REFA	Reichsausschuss für Arbeitszeitermittlung
S-R	Stimulus-Reaktion
T_D	Durchlaufzeit
t_{hS}	Hauptdurchführungszeit
t_{nS}	Nebendurchführungszeit
TOTE	Test Operate Test Exit
t_{zwS}	Zwischenzeit
U_y	Varianz/Umfang des Arbeitsplatzes y
VVR	Vergleich-Veränderung-Rückkopplung
V_x	Vorbildung/Einarbeitung für Prozess x
ZBM	Ziel Bedingung Maßnahme

1 Einleitung

„Die Bedeutung von Information, Wissen und Können für die Innovations- und Wettbewerbsfähigkeit von Unternehmen ist unbestritten“ (Hacker et al. 2011). Besonders in der Einzelfertigung stellt das umfangreiche Spezial- und Erfahrungswissen erfahrener Mitarbeiter ein kritisches Erfolgspotenzial zur Erhaltung der Wettbewerbsfähigkeit und Steigerung von nachhaltigen Wettbewerbsvorteilen dar. Die Erhaltung dieser wichtigen Ressource im Unternehmen ist daher eine zwingende Voraussetzung zum Fortbestand der Einzelfertigung.

1.1 Ausgangssituation und Problemstellung

Die Einzelfertigung weist sich unter anderem durch wenig detaillierte Arbeitsvorgaben, eine hohe Komplexität der Produkte und Prozesse, große Arbeitsinhalte durch geringe Arbeitsteilung sowie große Prozessstreuungen aus. Neben den Maschinen und Verfahren müssen vor allem die Mitarbeiter eine hohe Flexibilität und deswegen eine hohe fachliche Qualifikation aufweisen (Hoitsch 1993). Ein umfangreiches und universell einsetzbares Spezial- und Erfahrungswissen der Mitarbeiter über Produkte, Prozesse und Ressourcen zur wissensbasierten, qualitätsgerechten Durchführung der Arbeitshandlungen sind in der Einzelfertigung daher unerlässlich. Aufgrund der genannten Eigenschaften sowie geringer Wiederholhäufigkeiten gleichartiger Prozesse und der damit einhergehenden geringen Lerneffekte hinsichtlich der erforderlichen Detailfähigkeiten, gestalten sich der Auf- und Ausbau dieses Wissens und somit auch der Einarbeitungs- und Anlernvorgänge als langwierig und zeitintensiv.

Zum Erhalt der Wettbewerbsfähigkeit sowie zum Auf- und Ausbau von Wettbewerbsvorteilen ist die Bewahrung des umfangreichen Spezial- und Erfahrungswissens erfahrener Mitarbeiter in der Einzelfertigung unerlässlich. Aufgrund der Personengebundenheit dieses Wissens besteht die Gefahr, dass dieses Wissen bei Ausscheiden der erfahrenen Mitarbeiter dem Unternehmen verloren geht. Um dem Verlust entgegenzuwirken, stehen Unternehmen vor der Herausforderung, Lösungen zum Erhalt des wertvollen Spezial- und Erfahrungswissens der ausscheidenden Mitarbeiter zu etablieren.

Bei Betrachtung der Auswirkungen des demographischen Wandels und des damit einhergehenden zeitnahen verstärkten Austritts erfahrener Mitarbeiter durch den gesetzlichen Renteneintritt, wird der aktuelle Handlungsbedarf zur zeitnahen Etablierung geeigneter Lösungen deutlich. Die Altersstruktur Deutschlands im Jahr 2019 zeigt, dass 20,1 Millionen der 50,9 Millionen Einwohner im erwerbsfähigen Alter, ein Alter von über 50 Jahren aufweisen (Statistisches Bundesamt 2019). Dies entspricht einer Quote von 40%. Diese Altersstruktur spiegelt sich vorwiegend auch in den Belegschaften der Unternehmen wider und verdeutlicht den Bedarf effizienter Lösungen zum Erhalt des Spezial- und Erfahrungswissens erfahrener Mitarbeiter im Unternehmen.

Weiterhin fordern die wachsende Globalisierung, der steigende Wettbewerbsdruck, die Veränderung der Absatzmärkte sowie rückläufige Auftragseingänge immer wieder Anpassungsmaßnahmen in den Unternehmen, die nicht selten mit der Anpassung der Personalstruktur in Form eines Stellenabbaus einhergehen. Aktuelle und bekannte Beispiele stellen Restrukturierungsmaßnahmen bei den Großkonzernen BASF, Ford und Bayer sowie im Entstehungsbereich dieser Arbeit, der Energiesparte der Siemens AG, dar. Neben schlimmstenfalls betriebsbedingten Kündigungen werden Aufhebungsverträge, der vorzeitige Renteneintritt oder Altersteilzeitverträge mit Mitarbeitern der betroffenen Bereiche vereinbart. Die Gefahr des Wissensverlustes durch vermehrten, zeitnahen Abgang erfahrener Mitarbeiter wird durch diese Maßnahmen weiter verschärft. Weiterhin verlaufen die Abgänge erfahrungsgemäß selten proportional zu den definierten Anpassungsanforderungen in den einzelnen Bereichen, so dass in Bereichen, die sich durch einen Abgangsüberschuss auszeichnen, Mitarbeiter aus Bereichen mit einem Abgangsdefizit eingearbeitet und angelernt werden müssen. Vor allem in der Einzelfertigung stellen die zeitnahen Abgänge sowie die langwierigen und zeitintensiven Anlernvorgänge die Unternehmen vor weitere Herausforderungen.

Um den Auswirkungen dieser Entwicklungen entgegenzuwirken und das Risiko des Wissensverlustes erfahrener Mitarbeiter frühzeitig zu minimieren, bedarf es eines effizienten operativen Wissensmanagements sowie der Integration von effizienten Methoden zur Hebung und zum Transfer des wertvollen Spezial- und Erfahrungswissens erfahrener Mitarbeiter in der Einzelfertigung.

Seitdem Mitte der 90er Jahre erstmals von „Wissen als strategische Ressource" gesprochen wurde, wurden zahlreiche Modelle, Konzepte und Methoden zum Umgang mit dieser wichtigen Ressource unter dem Oberbegriff „Wissensmanagement" entwickelt und publiziert. Zu den bekanntesten Wissensmanagementmodellen zählen bspw. das Baustein-Modell nach Probst (vgl. Probst et al. 2012), die Wissenstreppe nach North (vgl. North 2011) oder die Wissensspirale nach Nonaka und Takeuchi (vgl. Nonaka, Takeuchi 1995). Diese Modelle bieten einen breiten Ansatz zum Verständnis von Zielen, Risiken und Zusammenhängen im Bereich des Wissensmanagements und liefern wertvolle Unterstützung zur strategischen Ausrichtung des Unternehmens im Umgang mit der Ressource Wissen. Konkrete Handlungsempfehlungen zur operativen Umsetzung, im Sinne von anwendbaren Methoden, zur Hebung und zum Transfer von personengebundenem Wissen können den Modellen jedoch nicht entnommen werden.

Zur Unterstützung der operativen Umsetzung definierter Wissensziele im Unternehmen wurden zahlreiche Wissensmanagementmethoden und -instrumente entwickelt. die Hilfestellungen oder konkrete Handlungsempfehlungen zur Anwendung enthalten. Hierunter sind Methoden und Werkzeuge sowohl zur Identifikation, zur Bewertung, zum Erwerb und zur Entwicklung als auch zur Teilung bzw. Verteilung, Nutzung und Bewahrung von Wissen vertreten. Während sich Methoden zur Identifikation und Bewertung von Wissen mit der Darstellung vorhandener Wissensstrukturen (bspw. in Form von Wissenslandkarten) und der Erreichung gesetzter Wissensziele im Unternehmen (bspw. anhand von Wissensbilanzen) beschäftigen, befassen sich Instrumente zum Wissenserwerb mit der Frage der Beschaffung von Wissen aus dem unternehmensexternen Umfeld. Instrumente im Bereich der Wissensentwicklung fokussieren die Erzeugung und Generierung neuen Wissens (bspw. anhand von Kreativitätstechniken) sowie die Schließung von vorhandenen Wissenslücken in Form von Schulungen und Weiterbildungen.

Während die Methoden in den Kategorien Identifikation, Bewertung, Erwerb und Entwicklung die Organisation und Schaffung von Wissen fokussieren, stehen in den Kategorien Verteilung, Nutzung und Bewahrung der effiziente Umgang und die Sicherung vorhandenen Wissens im Mittelpunkt. Der Großteil der Methoden fokussiert hierbei Lösungen, um schriftlich erfasste Wissensinhalte systematisch zu speichern, zu verwalten und dem Nutzer zur Verfügung zu stellen (bspw. in Form von Wissensdatenbanken), d.h. Lösungen zur Verwaltung bereits explizierten Wissens. Instrumente zur Hebung und zum Transfer von personengebundenem Wissen stellen bspw. gruppenbezogene Verfahren wie Wissenswerkstätten, Diskussionsforen oder Communities of Practice dar, in denen ein persönlicher Austausch von Wissen und Erfahrungen der Gruppenmitglieder stattfindet sowie narrative Methoden wie Story-Telling, bei denen Erfahrungen in der Form einer lebendigen Erzählung weitergegeben werden.

Allen Methoden zur Hebung und zum Transfer von Wissen gemein ist jedoch, dass das Wissen durch den Wissensträger formuliert und kommuniziert wird, der inhaltliche Fokus also auf den Wissensinhalten liegt, die der Wissensträger für relevant erachtet und die durch ihn kommunizierbar sind. Da „...wir mehr wissen, als wir zu sagen wissen" (Polanyi 1985) bleiben jedoch die impliziten, also unbewussten Wissensteilgebiete, die durch den Wissensträger nicht kommunizierbar sind, zumeist verborgen. Bei erfolgreicher Hebung und Transfer des Spezial- und Erfahrungswissens erfahrener Mitarbeiter in der Einzelfertigung nehmen diese impliziten Wissensbestandteile jedoch eine wichtige Rolle ein, da viele Handlungen zur erfolgreichen Arbeitsdurchführung routiniert und automatisiert durch den erfahrenen Mitarbeiter ausgeführt werden, so dass diese Wissensbestandteile nicht bewusst und nicht kommunizierbar sind.

Weiterhin bleiben bei Anwendung der üblichen Methoden zum Wissenstransfer durch den fehlenden Einbezug arbeitspsychologischer Erkenntnisse die komplexen Denk- und Wissensstrukturen der erfahrenen Mitarbeiter zur erfolgreichen Handlungsausführung im Arbeitsprozess verborgen. Das umfangreiche Spezial- und Erfahrungswissen erfahrener Mitarbeiter in der Einzelfertigung zeichnet sich jedoch genau durch diese, im Laufe der Tätigkeitsausführung entwickelten, handlungsregulierenden Strukturen aus. Die Hebung, Erfassung und Übertragung der Wissensbestandteile dieser komplexen Strukturen stellt daher eine wichtige Voraussetzung für den erfolgreichen Wissenstransfers und die Erhaltung des Spezial- und Erfahrungswissens erfahrener Mitarbeiter in der Einzelfertigung dar.

Methoden zum Wissenstransfer, die üblicherweise im Rahmen des Anlernprozesses Anwendung finden (wie bspw. das klassische Beistellverfahren oder die 4-Stufen-Methode nach REFA), beinhalten zur Hebung und zum Transfer des Spezial- und Erfahrungswissens in der Einzelfertigung zwar gute Ansätze, bieten jedoch aufgrund der Gegebenheiten der Einzelfertigung sowie zumeist fehlender Betrachtung arbeitspsychologischer Erkenntnisse keine allgemeingültig einsetzbare Lösung.

1.2 Vorgehensweise und Zielsetzung

Ziel dieser Arbeit ist daher die Optimierung des Wissenstransfers in der Einzelfertigung durch die Entwicklung einer Methode zur systematischen Hebung und Übertragung des Spezial- und Erfahrungswissens erfahrener Mitarbeiter. Ausgehend von arbeitspsychologischen Erkenntnissen und unter Berücksichtigung der charakteristischen Eigenschaften der Einzelfertigung soll eine Systematik entwickelt werden, die die Hebung der komplexen Wissensstrukturen erfahrener Mitarbeiter zur erfolgreichen Durchführung der Arbeitshandlungen ermöglicht. Durch Hebung der handlungsleitenden Wissensinhalte erfahrener Mitarbeiter und deren Übertragung auf junge Mitarbeiter soll das wertvolle Spezial- und Erfahrungswissen der erfahrenen Mitarbeiter im Unternehmen gehalten, anzulernende Mitarbeiter zu erfolgreichem und zielführendem Handeln im Arbeitsprozess befähigt und somit das Risiko des Wissensverlustes minimiert werden.

Zur Entwicklung einer Methode zur Hebung und Übertragung des Spezial- und Erfahrungswissens in der Einzelfertigung werden in Kapitel 2 zunächst die Grundlagen der Einzelfertigung, des Wissensbegriffs sowie für die Methodenerstellung relevante arbeitspsychologische Erkenntnisse betrachtet und analysiert.

Einleitend wird die Einzelfertigung beschrieben, deren charakteristische Eigenschaften herausgearbeitet sowie die Relevanz des Spezial- und Erfahrungswissens erfahrener Mitarbeiter im Bereich der Einzelfertigung erläutert. Anschließend werden die Grundlagen des Wissensbegriffs fokussiert und analysiert. Hierzu wird der allgemeine Begriff des

Wissens abgegrenzt, der Zusammenhang zwischen Wissen und der Erreichung von Wettbewerbsvorteilen erläutert sowie ableitbare Systeme des Wissensmanagements betrachtet. Weiterhin werden verschiedene Ansätze zur Differenzierung von Wissen beschrieben, deren spezifische Merkmale erläutert und diskutiert sowie deren Relevanz für die Methodenerstellung untersucht. Im weiteren Verlauf werden arbeitspsychologische Erkenntnisse der Handlungsregulation zum Verständnis der komplexen Denk- und Wissensstrukturen erfahrener Mitarbeiter zur erfolgreichen Ausführung von Arbeitshandlungen beschrieben und untersucht. Der Fokus liegt hierbei auf der Beziehung zwischen dem Wissen des erfahrenen Mitarbeiters und seinen auf diesem Wissen basierenden Handlungen. Hierzu werden die verschiedenen Ebenen der Handlungsregulation, die komplexen prozessualen psychischen Prozesse zur Regulation der Handlung sowie deren inhaltliche Komponenten in Form von Wissensteilgebieten analysiert und hinsichtlich ihrer Relevanz in der Methodenentwicklung diskutiert. Zum Abschluss der Grundlagenermittlung werden verschiedene Modelle zum Wissenstransfer erläutert und eine Auswahl an Methoden und Werkzeugen zur Übertragung von Wissen beschrieben sowie hinsichtlich ihrer Anwendbarkeit zum Transfer von Spezial- und Erfahrungswissen in der Einzelfertigung beleuchtet.

In Kapitel 3 wird der Untersuchungsbereich zur Anwendung und Validierung der zu entwickelnden Methode abgegrenzt. Hierzu wird, ausgehend von Einflussgrößen, die den Auf- und Ausbau von Erfahrungswissen beeinflussen, eine Systematik zur Abgrenzung von Arbeitsbereichen, die ein hohes Maß an Erfahrungswissen erwarten lassen, entwickelt. Anschließend werden die Dampfturbinenfertigung der Siemens AG am Standort Mülheim, in der die Methode entwickelt und erprobt werden soll, vorgestellt sowie Arbeitsbereiche zur Durchführung der Untersuchungen innerhalb der Dampfturbinenfertigung mittels der entwickelten Systematik abgegrenzt.

Zur Ermittlung der bisherigen Vorgehensweise im Umgang mit Spezial- und Erfahrungswissen im Untersuchungsbereich erfolgt in Kapitel 4 ein retrospektiver Längsschnitt zum Wissenstransfer in der Dampfturbinenfertigung. Hierzu werden anhand von Interviews mit ausgewählten Spezialisten erlebte und gelebte Verfahrensweisen zum Auf-, Ausbau und Transfer von Spezial- und Erfahrungswissen ermittelt.

Aufbauend auf den arbeitspsychologischen Erkenntnissen, den charakteristischen Eigenschaften der Einzelfertigung sowie den sich aus den Spezialisteninterviews ergebenden Erfordernissen werden in Kapitel 5 die Anforderungen an eine Methode zum Wissenstransfer in der Einzelfertigung definiert. Anschließend wird eine systematische Methode zur Übertragung des Spezial- und Erfahrungswissens erfahrener Mitarbeiter in der Einzelfertigung entwickelt und im Untersuchungsbereich angewandt. Hierzu wird zunächst eine wissenschaftlich begründete Referenzmethode für den allgemeingültigen

Einsatz in der Einzelfertigung entwickelt. Anschließend wird, basierend auf der Referenzmethode, eine an den Einsatzbereich adaptierte spezifische Methode erarbeitet. Die Erarbeitung und Anwendung der spezifischen Methode erfolgt dabei in einem systematisch geleiteten partizipativen Verfahren mit Mitarbeitern des abgegrenzten Untersuchungsbereichs in der Dampfturbinenfertigung der Siemens AG am Standort Mülheim an der Ruhr.

Zur Validierung der entwickelten Methode werden in Kapitel 6 zunächst die bereits definierten Anforderungen an die Methode um Erwartungen und Ziele zu deren Wirksamkeit ergänzt. Anschließend wird die Erfüllung der definierten Anforderungen, Erwartungen und Ziele anhand der Beobachtungen und Ergebnisse der Vorversuche sowie anhand von Expertenbefragungen untersucht und bewertet.

Abschließend werden die Ergebnisse der Arbeit in Kapitel 7 zusammengefasst und kritisch betrachtet. Hierzu wird die entwickelte Methode zur Übertragung des Spezial- und Erfahrungswissens erfahrener Mitarbeiter in der Einzelfertigung einer kritischen Bewertung unterzogen und mögliche Grenzen der Anwendung sowie Potenziale zur Weiterentwicklung aufgezeigt und diskutiert.

2 Grundlagen

Als Grundlage für die Entwicklung einer strukturierten Vorgehensweise zur Hebung und zum Transfer des Spezial- und Erfahrungswissen erfahrener Mitarbeiter in der Einzelfertigung werden zunächst die Besonderheiten der Einzelfertigung dargestellt und deren charakteristische Eigenschaften herausgearbeitet.

Eine wichtige Kernkompetenz in der Einzelfertigung zur Erlangung eines Wettbewerbsvorteiles stellen die Kompetenzen der Mitarbeiter dar. Auf dem Weg zur Erreichung und dem Erhalt dieses Wettbewerbsvorteiles nehmen das universell einsetzbare umfangreiche Spezial- und Erfahrungswissen der Mitarbeiter sowie deren Können eine wichtige Rolle ein. Die Grundlagen des Wissensbegriffes werden daher eingehender betrachtet und verschiedene Arten von Wissen differenziert. Aufbauend hierauf wird die mit dem Spezial- und Erfahrungswissen einhergehende Regulation der Handlungen fokussiert.

Abschließend werden in diesem Kapitel bereits vorhandene Modelle, Ansätze und Methoden zum Wissenstransfer vorgestellt und hinsichtlich ihrer Eignung für die Einzelfertigung diskutiert.

2.1 Einzelfertigung[1]

Zwischen der Einzelfertigung, der Serienfertigung und der Massenfertigung gibt es starke Unterschiede hinsichtlich der Fertigungscharakteristika. Für die Entwicklung eines Konzeptes zur Hebung und Übertragung des Wissens erfahrener Mitarbeiter ist es daher wichtig, die die Einzelfertigung charakterisierenden Eigenschaften zu betrachten.

Eine Abgrenzung der Fertigungsarten Einzelfertigung, Serienfertigung und Massenfertigung kann anhand der Klassifizierungsmerkmale „Vorbereitungsgrad" und „Unterbrechungsgrad" erfolgen. Der Vorbereitungsgrad bezieht sich hierbei auf die Nutzung bereits erstellter Faktoren wie Konstruktionszeichnungen, Fertigungssysteme etc. Der Unterbrechungsgrad hingegen beschreibt die Dauer einer Unterbrechung zwischen der erstmaligen bzw. wiederholten Herstellung eines Produktes und der darauffolgenden erneuten Herstellung des gleichen Produktes. Die Merkmale Vorbereitungsgrad und Unterbrechungsgrad dürfen nicht getrennt voneinander betrachtet werden, da sie stark miteinander korrelieren (Stärk 2011).

[1] Bei Kapitel „2.1 Einzelfertigung" handelt es sich um eine überarbeitete und an die vorliegende Thematik angepasste Fassung des Kapitels „Einzelfertigung" aus der am 19.07.2011 durch die Autorin an der Technischen Universität Dortmund eingereichten Diplomarbeit "Entwicklung einer Systematisierung zur Priorisierung von Produktionsstörungen im Rahmen der kontinuierlichen Prozessverbesserung in der Einzelfertigung".

Bei Unterscheidung der Einzelfertigung in Einmalfertigung und Wiederholfertigung wird die Korrelation der beiden Merkmale Vorbereitungsgrad und Unterbrechungsgrad deutlich. Eine Einmalfertigung oder auch Unikatfertigung liegt dann vor, wenn das Produkt einmalig gefertigt und verkauft wird (bspw. bei einer Versuchsanlage). Hierbei entfällt ein wesentlicher Zeit- und Kostenanteil auf die Vorgänge der Projektierung und der Konstruktion. Trotzdem ist der Vorbereitungsgrad gering, da die Vorbereitung im Vergleich zur Serien- und Massenfertigung geringer ausfällt. Der Zeitraum bis zur wiederholten Nutzung der Planungsdaten nach der Fertigung ist unendlich, da das Produkt nicht wiederholt gefertigt wird. Wird das Produkt in einem Zeitrahmen nochmals gefertigt, in dem die für den ersten Auftrag angefertigten Unterlagen (Stücklisten, Zeichnungen etc.) überwiegend genutzt werden können, handelt es sich um eine Wiederholfertigung. Es findet eine endliche Unterbrechung statt. Der Vorbereitungsgrad ist wegen der wiederholten Nutzbarkeit der einmal erstellten Unterlagen in der Regel höher als bei der Einmalfertigung. Ellinger definiert zusätzlich zur einmaligen und wiederholten Einzelfertigung die erstmalige Einzelfertigung. Dabei umfasst die erstmalige Einzelfertigung die einmalige Einzelfertigung gänzlich und von der wiederholten Einzelfertigung die erste zu produzierende Einheit (Ellinger 1959). Der Vorbereitungsgrad sollte bei der erstmaligen Einzelfertigung dem der wiederholten Einzelfertigung entsprechen, da von einer wiederholten Nutzung der Unterlagen auszugehen ist. Der Unterbrechungsgrad hingegen ist, wie bereits beschrieben, abhängig davon, ob es sich um eine einmalige oder wiederholte Einzelfertigung handelt. Endliche Unterbrechung und ein hoher Vorbereitungsgrad sind vornehmlich in der Serienfertigung anzutreffen. Die Massenfertigung ist gekennzeichnet durch einen minimalen Unterbrechungsgrad und einen maximalen Vorbereitungsgrad (Stärk 2011; Wiendahl 2010; Gienke, Kämpf 2007).

Die Abgrenzung mittels Vorbereitungsgrad und Unterbrechungsgrad erlaubt nur geringe Rückschlüsse auf weitere typologisierende Betriebsmerkmale, dient jedoch als sinnvolles Kriterium zur Einordnung der Fertigungsart.

Eine weitere Definition zur Abgrenzung der Fertigungsarten ist auf Schomburg zurückzuführen. Die Abgrenzung kann hierbei anhand der Wiederholhäufigkeit einzelner Produkte pro Jahr und der Auflagenhöhe pro Jahr vorgenommen werden (Schomburg 1980; Büdenbender 1991). Schomburg definiert für die Einzel- und Kleinserienfertigung eine durchschnittliche Auflagenhöhe (Losgröße) von unter 50 Stück pro Jahr sowie eine durchschnittliche Wiederholhäufigkeit von unter 12-mal pro Jahr (Schomburg 1980). Dabei ergibt sich die Wiederholhäufigkeit aus dem Quotienten der Anzahl der Fertigungslose eines Produktes und der Zeit in Jahren (Eversheim 1989). Durch Multiplikation der Auflagenhöhe und der Wiederholhäufigkeit ergibt sich die produzierte Jahresstückzahl (vgl. Abbildung 2.1). Zu beachten ist, dass diese Werte nur grobe Grenzwerte zur Einordnung der Fertigungsart darstellen, da der Übergang zwischen Einzel- und Kleinserienfertigung zur Serienfertigung fließend ist und die Grenzen nicht klar definiert werden können (Schuh 2006). Die Einzelfertigung stellt dabei den Grenzfall der Kleinserienfertigung mit der Losgröße 1 dar (Adam 1998).

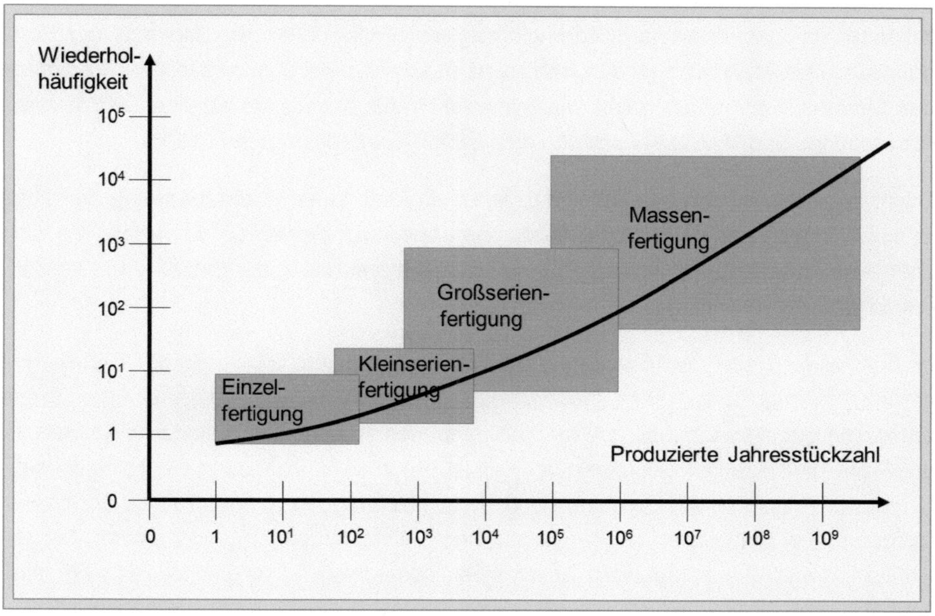

Abbildung 2.1: Einordnung der Fertigungsarten anhand der Wiederholhäufigkeit und der produzierten Jahresstückzahl (nach Eversheim 1989)

Das am FIR (Forschungsinstitut für Rationalisierung) von Schomburg entwickelte „Typologische Grundmuster zur Abbildung betrieblicher Erscheinungsformen“ (Betriebstypologie) baut vereinfachend auf der Fertigungstypologie von Große-Oetringhaus (vgl. Große-Oetringhaus 1974) auf und wurde von Sames und Büdenbender zum Aachener PPS-Modell erweitert (vgl. Sames, Büdenbender 1998). An dem Grundmuster von Schomburg wird deutlich, dass die Auflagenhöhe und die Wiederholhäufigkeit der Fertigung nicht losgelöst von anderen betriebsspezifischen Merkmalen betrachtet werden können, da diese miteinander korrelieren und je nach Kombination der Merkmalsausprägungen typische betriebliche Erscheinungsformen beschreiben.

Bei der Betriebstypologisierung werden acht Merkmale unterschieden (vgl. Tabelle 2.1), die durch ihre Ausprägungen die betriebliche Erscheinungsform beschreiben. Das Erzeugnis wird durch das Erzeugnisspektrum hinsichtlich des Ausmaßes der Standardisierung sowie durch die Erzeugnisstruktur im Hinblick auf den konstruktiven Aufbau ausgeprägt.

Das Merkmal Auftragsauslösungsart beschreibt die Initiierung der Produktion durch Kundenaufträge oder Prognosen. Die Dispositionsart wird hinsichtlich kunden- bzw. programmorientierter Disposition ausgeprägt. Der Anteil von fremdbezogenen Bedarfspositionen wird durch das Merkmal Beschaffungsart erläutert. Die bereits beschriebenen Kriterien Auflagenhöhe und Wiederholhäufigkeit kennzeichnen das Merkmal der Fertigungsart. Das Merkmal Fertigungsablaufart beschreibt die Organisation der Fertigung; das Merkmal Fertigungsstruktur wird hinsichtlich der Anzahl der aufeinanderfolgenden Arbeitsgänge und Montageabschnitte ausgewählt (Eversheim, Schuh 1996).

Durch die Ausprägung der einzelnen Merkmale können somit die vorrangig typischen Erscheinungsformen betrieblicher Funktionen beschrieben werden. In Tabelle 2.1 sind die Merkmalsausprägungen eines typischen Unternehmens in der Einzel- und Kleinserienfertigung dargestellt.

In Spezialfällen sind auch weitere Merkmalsausprägungen innerhalb der Einzel- und Kleinserienfertigung auffindbar. Die Erzeugnisstruktur bspw. kann einteilige Erzeugnisse aufweisen, wie dies u.a. bei großen Gusskomponenten oder geschmiedeten Rotoren für die Produktion von Dampfturbinen der Fall ist. Auch eine Ergänzung der Fertigungsablaufart der Prinzipien der Werkstatt- und Baustellenfertigung um das Prinzip der Linienfertigung ist in Einzelfällen bei der Einzel- und Kleinserienfertigung vorzufinden. Die gewählten Merkmalsausprägungen beschreiben somit zwar vorrangig, jedoch nicht ausschließlich die Einzel- und Kleinserienfertigung.

Am Beispiel der Merkmale Fertigungsart und Erzeugnisspektrum kann die Korrelation der einzelnen Merkmale der Betriebstypologisierung deutlich erkannt werden. Handelt es sich um ein kundenspezifisches Produkt, welches speziell für einen Kunden gefertigt wird, ist bei der Fertigungsart von einer Einzel- und Kleinserienfertigung bzw. einer Einmalfertigung auszugehen. Serienfertigung und Massenfertigung sind bei kundenspezifischen Produkten in der Regel unüblich.

Anhand des Modells der Betriebstypologie von Schomburg kann mittels der Bewertungskriterien Auflagenhöhe und Wiederholhäufigkeit für die Definition der Fertigungsart somit nicht nur auf die Fertigungsart an sich geschlossen werden, sondern weitere typische Merkmale des Betriebes lassen sich abgrenzen. Somit können die bezeichnenden Gegebenheiten eines Betriebstypes in die Betrachtung mit einbezogen werden.

Tabelle 2.1: Typologische Merkmalsausprägungen für die Einzelfertigung (Schomburg 1980; Hackstein 1989)

<table>
<tr><th>Merkmal</th><th colspan="12">Merkmalsausprägung</th></tr>
<tr><td>Erzeugnisspektrum</td><td colspan="3">Erzeugnisse nach Kundenspezifikation</td><td colspan="3">Typisierte Erzeugnisse mit kundenspezifischen Varianten</td><td colspan="3">Standarderzeugnisse mit Varianten</td><td colspan="3">Standarderzeugnisse ohne Varianten</td></tr>
<tr><td>Erzeugnisstruktur</td><td colspan="4">Einteilige Erzeugnisse</td><td colspan="4">Mehrteilige Erzeugnisse mit einfacher Struktur</td><td colspan="4">Mehrteilige Erzeugnisse mit komplexer Struktur</td></tr>
<tr><td>Auftragsauslösungsart</td><td colspan="4">Produktion auf Bestellung mit Einzelaufträgen</td><td colspan="4">Produktion auf Bestellung mit Rahmenaufträgen</td><td colspan="4">Produktion auf Lager</td></tr>
<tr><td>Dispositionsart</td><td colspan="3">Disposition kundenauftrags-orientiert</td><td colspan="3">Disposition überwiegend kundenauftragsorientiert</td><td colspan="3">Disposition überwiegend programmorientiert</td><td colspan="3">Disposition programmorientiert</td></tr>
<tr><td>Beschaffungsart</td><td colspan="4">Fremdbezug unbedeutend</td><td colspan="4">Fremdbezug in größerem Umfang</td><td colspan="4">Weitestgehender Fremdbezug</td></tr>
<tr><td>Fertigungsart</td><td colspan="3">Einmalfertigung</td><td colspan="3">Einzel- und Kleinserienfertigung</td><td colspan="3">Serienfertigung</td><td colspan="3">Massenfertigung</td></tr>
<tr><td>Fertigungsablaufart</td><td colspan="3">Baustellenfertigung</td><td colspan="3">Werkstattfertigung</td><td colspan="3">Gruppen-/Linienfertigung</td><td colspan="3">Fließfertigung</td></tr>
<tr><td>Fertigungsstruktur</td><td colspan="4">Fertigung mit geringer Tiefe</td><td colspan="4">Fertigung mit mittlerer Tiefe</td><td colspan="4">Fertigung mit großer Tiefe</td></tr>
</table>

2.1.1 Charakteristika der Einzelfertigung

Binner beschreibt die Einzelfertigung als „die Fertigung von Erzeugnissen, die nur einmal oder in größeren, unregelmäßigen Abständen hergestellt werden. Hierbei handelt es sich immer um eine Kundenauftragsfertigung“ (Binner 2004). Dies bedeutet, dass die Fertigung nach speziellem Kundenwunsch abläuft und die Produkteigenschaften den Kundenwünschen angepasst werden (Gruß 2010). Eine Lagerfertigung findet nicht statt, da das Risiko, das Produkt nicht zu verkaufen, zu groß ist. Die Vorhersagbarkeit der Auftragseingänge ist gering und führt somit zu erschwerten Planungsbedingungen (Günther, Tempelmeier 2005).

Die in Einzelfertigung gefertigten Produkte zeichnen sich in der Regel durch eine hohe Komplexität und somit hohe Durchlaufzeiten aus. Somit ist ein Zeitraum zwischen spezifiziertem Kundenauftragseingang und Lieferung des fertigen Produktes von mehreren Monaten oder Jahren keine Seltenheit.

Typische Beispiele für die Einzelfertigung sind der Schiffbau, der Brückenbau, der Großmaschinenbau, die Raumfahrt sowie der Hoch- und Tiefbau (Stärk 2011; Blohm et al. 2008).

Einzelfertigungen sind durch hohe funktionelle Flexibilität von Maschinen und Fertigungsverfahren gekennzeichnet (Spur 1996). Die Maschinen sind auf die maximal auftretenden Anforderungen ausgerichtet. Bedingt durch die universelle Auslegung, sind diese Maschinen sehr kapitalintensiv und im Vergleich zur Serien- und Massenfertigung geringer ausgelastet (Eversheim 1989; Hirsch 1992).

Durch hohe Umrüstaufwände, lange Transportzeiten und -wege sowie geringe Ausnutzung der Betriebsmittelkapazitäten ist der Anteil der wertschöpfenden Hauptdurchführungszeit
(t_{hs} nach REFA 2002) im Vergleich zur Gesamtdurchlaufzeit (T_D) gering. Der Großteil der verfügbaren Arbeitszeit ist durch nicht wertschöpfende Nebendurchführungszeiten (t_{nS}) wie Rüsten, Vorbereiten, etc. und Zwischenzeiten (t_{zwS}) wie Transportieren und Liegezeiten, vor und nach der Bearbeitung, bestimmt. Ein Rationalisierungspotenzial ergibt sich damit in der Einzelfertigung, u.a. durch die Reduzierung von Rüstzeiten, Transportzeiten und Verteil-zeiten (Eversheim 1989, Hirsch 1992).

Neben den Maschinen und Verfahren müssen vor allem die Mitarbeiter eine hohe Flexibilität und deswegen eine hohe fachliche Qualifikation aufweisen (Hoitsch 1993). Ein umfangreiches und universell einsetzbares Spezialwissen der Mitarbeiter über Produkte, Prozesse und Ressourcen ist in der Einzelfertigung unerlässlich. Dies ist unter anderem durch die vorwiegenden Organisationsprinzipien des Baustellen- oder Werkstattprinzips innerhalb der Einzelfertigung begründet (Hirsch 1992). Diese Organisationsprinzipien verlangen hohe Fähigkeiten der Mitarbeiter hinsichtlich Flexibilität und Fachwissen sowie in der selbstständigen Arbeit und der Umsetzung von z.T. wenig detaillierten Arbeitsanweisungen (Konstruktionszeichnungen, Arbeitspläne, etc.). Des Weiteren weist die Einzelfertigung eine geringe Arbeitsteilung auf, so dass die Aufgabengebiete und auszuführenden Tätigkeiten der Mitarbeiter weit gestreut und komplex sind (Adam 1998). Einarbeitungs- und Anlernzeiten sowie -vorgänge sind im Vergleich zu anderen Fertigungsarten zumeist wesentlich zeitintensiver und umfangreicher. Deswegen sind der Aufbau und der Erhalt des umfangreichen Spezial- und Erfahrungswissens vor allem in der Einzelfertigung von großer Bedeutung.

Die Organisationsform des Werkstattprinzips, d.h. die räumliche und organisatorische Zusammenfassung der Fertigungsmittel nach dem Verrichtungsprinzip, weist zwar eine hohe Flexibilität bspw. hinsichtlich Produktionsprogrammänderungen oder Erweiterung und Anpassung der Fertigungsverfahren auf, ist aber mit langen Transportwegen und somit -kosten und -zeiten sowie einer Kapital- und Flächenbindung zur Pufferung verbunden.

Bei dem Baustellenprinzip ist der Arbeitsgegenstand während der gesamten Bearbeitung ortsgebunden. Betriebsmittel, Mitarbeiter und Material hingegen müssen flexibel und mobil sein. Bei dieser Organisationsform entfallen zwar die aufwändigen Zwischentransporte der zumeist großen Produkte, jedoch erweist sich der Transport der einzusetzenden Betriebsmittel teilweise als schwierig und aufwändig.

Um die Nachteile der beiden Organisationsformen zu reduzieren, werden Kombinationen von Baustellen- und Werkstattfertigungen eingesetzt, in denen Bauteile und Komponenten in Werkstätten gefertigt und anschließend am Einsatzort montiert bzw. verarbeitet werden (Grundig 2009, Hirsch 1992).

Die Komplexität der Fertigung und der hohe Koordinationsaufwand der Einzelfertigung können zu deutlichen Koordinationsdefiziten führen, welche sich bspw. in Form von Qualitätsproblemen, Produktionsstaus, langen Übergangszeiten, geringer Liefertreue sowie hohen Verteil- und Nebenzeiten auswirken (Adam 1998). Diese Defizite führen zu erhöhten Durchlaufzeiten und somit ggf. zu nicht termingerechter Lieferung.

Weiterhin weisen die Prozesse in der Einzelfertigung in der Regel große Prozessstreuungen (d.h. eine große Streubreite prozessrelevanter Kennwerte um deren Mittelwert) auf. Dies ist zum einen auf die zumeist fehlende Standardisierung der Prozesse zurückzuführen (Adam 1998), so dass durch die individuelle Arbeitsweise der Mitarbeiter eine Varianz in der Prozessausführung vorliegt. Zum anderen entstehen Prozessstreuungen durch die langen Prozesszeiten, die geringen Lerneffekte hinsichtlich der geforderten

Detailfähigkeiten und den langwierigen Erfahrungsaufbau bei den Mitarbeitern. Durch umfangreiche Arbeitsinhalte und geringe Wiederholung ein und derselben Tätigkeit kann ein Lerneffekt der Detailfähigkeiten erst nach langjähriger Tätigkeitsausführung erreicht werden. Hohe Lerneffekte hingegen werden im Bereich der Planung der Tätigkeiten erworben. Des Weiteren zeichnet sich die Einzelfertigung dadurch aus, dass die zur Erstellung eines Endproduktes durchgeführten Prozesse sich bei den einzelnen Endprodukten unterscheiden. Dies verhindert ebenfalls die Einstellung von Lerneffekten und führt zu Prozessstreuungen.

Bedingt dadurch, dass in der Einzelfertigung zumeist individuelle Konstruktionszeichnungen, Stücklisten etc. für ein vom Kunden gewünschtes Produkt erstellt werden müssen (Adam 1998) und nur einmalig verwendet werden, weisen die erstellten Arbeitspläne für die Fertigung des Produktes einen eher geringen Detaillierungsgrad auf. Den Mitarbeitern werden die auszuführenden Arbeitsvorgänge zwar durch die Arbeitspläne vorgegeben, die einzelnen Arbeitsschritte innerhalb der Arbeitsvorgänge, sowie die Vorgehensweise zur Erfüllung der Arbeitsschritte jedoch sind oft nicht standardisiert und bleiben den Mitarbeitern unter gewissen Rahmenvorgaben freigestellt. Zur effizienten Durchführung und der Erreichung der vorgegebenen Qualitätsstandards bedarf es eines hohen Spezial- und Erfahrungswissens der Mitarbeiter, die eine wichtige Kernkompetenz der Einzelfertigung darstellen.

Für den Erhalt dieser Kernkompetenz ist die Einführung und kontinuierliche Anwendung einer Methode zum Aufbau, zur Hebung und zum Transfer des Spezial- und Erfahrungswissens erfahrener Mitarbeiter unerlässlich.

2.2 Wissen

Das umfangreiche Spezial- und Erfahrungswissen der Mitarbeiter in der Einzelfertigung nimmt hinsichtlich der Erreichung und des Ausbaus von Wettbewerbsvorteilen eine wichtige Rolle ein. Der Zusammenhang zwischen Wissen und der Erreichung von Wettbewerbsvorteilen sowie die daraus ableitbaren Systeme des Wissensmanagements werden daher nachfolgend eingehend betrachtet.

2.2.1 Daten - Information - Wissen

Häufig werden die Begriffe „Daten", „Information" und „Wissen" im Sprachgebrauch simultan verwendet. Jedoch sind diese Begriffe voneinander zu differenzieren, da Wissen erst durch einen Anreicherungsprozess über verschiedene Ebenen von Zeichen zu Daten über Informationen entsteht (Al-Laham 2003).

Kreitel weist darauf hin, dass „die Praxis in Unternehmen beweist, dass eine Beschäftigung mit den Unterschieden der Kategorien Daten, Informationen und Wissen und letztendlich die differenzierte Behandlung im Arbeitsprozess von immenser Bedeutung zur effizienten Nutzung der eigenen Ressourcen sind" (Kreitel 2008). Auch im Hinblick auf die Hebung und den Transfer von Wissen ist die detaillierte Unterscheidung zur Abgrenzung der Ansatzpunkte und Differenzierung der Vorgehensweise von Bedeutung.

Der begriffshierarchische Aufbau zwischen den verschiedenen Ebenen „Zeichen, Daten, Information und Wissen" nach Rehäuser und Krcmar ist in Abbildung 2.2 dargestellt.

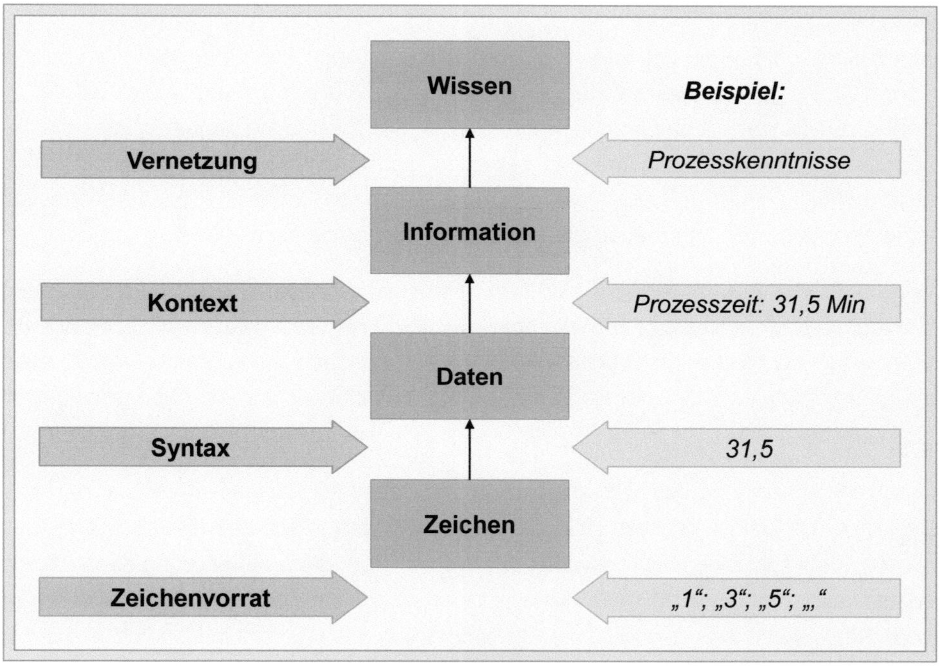

Abbildung 2.2: Hierarchische Beziehungen der Begriffe Zeichen, Daten, Information und Wissen (in Anlehnung an Rehäuser, Krcmar 1996)

Auf der Basisebene stehen die Zeichen, die aus der Menge aller verfügbarer Zeichen wie Zahlen, Buchstaben und jeder Art von Sonderzeichen (dem Zeichenvorrat) gewählt werden. Durch Syntaxregeln werden die gewählten Zeichen zu Daten. Die vorher alleinstehenden Zeichen werden miteinander zu Daten verknüpft und in einen Zusammenhang gestellt. Der Verwendungszweck der Daten ist jedoch nicht bekannt (Rehäuser, Krcmar 1996).

„Aus Daten werden Informationen, wenn sie in einen Problembezug eingeordnet und für die Erreichung eines Zieles verwendet werden" (Rehäuser, Krcmar 1996), d.h., „...wenn den Daten eine Bedeutung im Sinne einer Zweckerfüllung mitgegeben wird" (Kreitel 2008). Daten können somit in unterschiedlichen Kontexten interpretiert werden und zu verschiedenen Informationen für den Empfänger führen.

Durch die „...zweckdienliche Vernetzung von Informationen" entsteht Wissen (North 2011). Wissen stützt sich auf Informationen und Daten, ist aber im Gegensatz zu diesen personengebunden (Probst et al. 2012). Durch die Vernetzung ausgewählter Informationen und deren Interpretation durch eigene Erfahrungen und Erwartungen ist Wissen stets subjektiv (Rehäuser, Krcmar 1996).

Beispiel:
Als Beispiel wurden die Zeichen „1", „3", „5" und „," ausgewählt, deren Verknüpfung das Datum 31,5 ergeben. Dieses Datum wird in den Kontext der Prozesszeit eines betrachteten Prozesses gestellt und somit zur Information. Die Information sagt aus, dass die beobachtete Prozesszeit 31,5 Minuten beträgt. Diese Information allein jedoch ist noch nicht aussagekräftig. Erst durch die Verknüpfung mit vorhandenen Prozesskenntnissen kann die Information interpretiert und ggf. Handlungen abgeleitet werden.

North stellt den Zusammenhang zwischen den Ebenen Zeichen, Daten, Information und Wissen in einer Wissenstreppe dar und erweitert die Hierarchie im Hinblick auf die Wandlung von Wissen in Wettbewerbsfähigkeit und nachhaltige Wettbewerbsvorteile eines Unternehmens um die Ebenen Handeln, Kompetenz und Wettbewerbsfähigkeit (vgl. Abbildung 2.3).

Durch die Anwendung des Wissens und die Motivation zu dessen Anwendung wird das Wissen in Handeln umgesetzt. Für die Umsetzung des Wissens in Handlungen ist es wichtig, dass zum einen die Motivation des Wissensträgers zur Anwendung des Wissens besteht und zum anderen dem Wissensträger hierzu ein ausreichender Freiraum zur Verfügung gestellt wird (North 2011). Die Umsetzung des Wissens in Handlungen wird in Kapitel 2.4 ausführlich betrachtet.

Die zweckorientierte Anwendung des Wissens und die Fähigkeit zur situationsadäquaten Umsetzung des Wissens in Handlungen zur Problemlösung wird als Kompetenz bezeichnet. Sind diese aus dem Wissen generierten Kompetenzen einzigartig bzw. besser ausgeprägt als bei Mitbewerbern liefern diese Kompetenzen einen wichtigen Beitrag zur Wettbewerbsfähigkeit eines Unternehmens. (North 2011)

Beispiel Fortsetzung:
Durch die Verknüpfung der Information „Prozesszeit 31,5 Minuten" mit kaufmännischen Informationen und Prozesskenntnissen ergibt sich die Erkenntnis, dass die beobachtete Prozesszeit nicht effizient ist und Handlungen zur Verkürzung der Prozesszeit abgeleitet

werden müssen. Wirken sich die aus diesem Wissen (wiederum verknüpft mit weiterem Wissen wie arbeitswissenschaftlichen Kenntnissen) resultierenden Handlungen positiv auf die Reduktion der Prozesszeit aus, wird von einer Kompetenz gesprochen. Durch diese Kompetenz kann der Prozess effektiver gestaltet werden und führt somit zu einem Wettbewerbsvorteil.

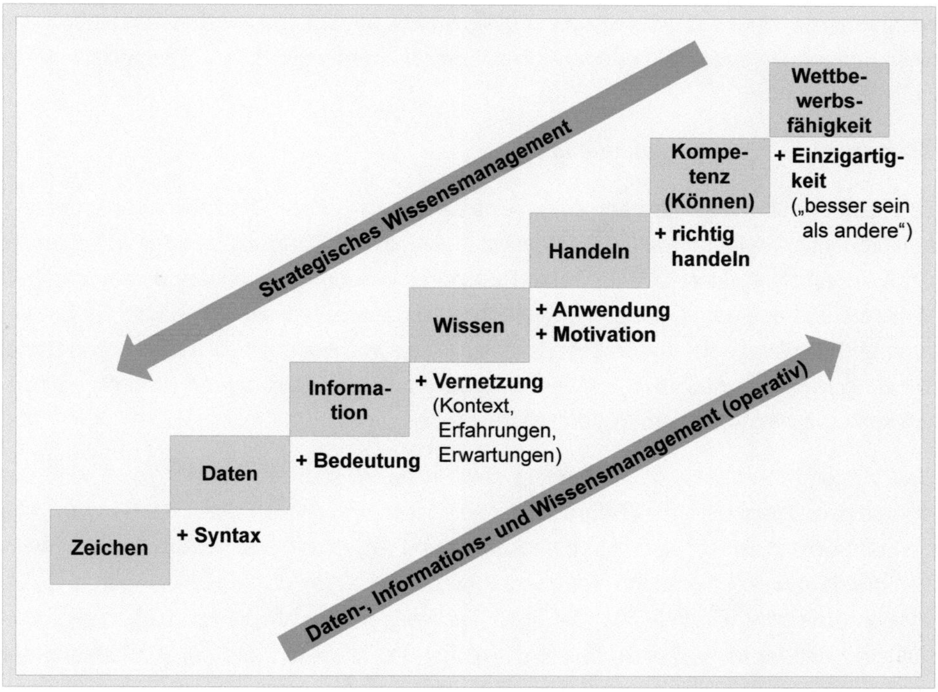

Abbildung 2.3: Wissenstreppe (nach North 2011)

Um durch eine wissensorientierte Unternehmensführung Wettbewerbsvorteile zu generieren und zu erhalten, ist es erforderlich, die Ebenen der Wissenstreppe und deren Verknüpfungen durch geeignete Managementsysteme effizient zu gestalten. Die sich aus der Wissenstreppe ableitbaren Managementsysteme werden als „Handlungsfelder des Informations- und Wissensmanagements" (North 2011) bezeichnet und im Folgenden näher betrachtet.

2.2.2 Handlungsfelder des Informations- und Wissensmanagements

„Die Bedeutung von Information, Wissen und Können für die Innovations- und Wettbewerbsfähigkeit von Unternehmen ist unbestritten" (Hacker et al. 2011). Um diese immer wichtiger werdenden Ressourcen effizient einzusetzen und auszubauen, bedarf es geeigneter Managementsysteme. Die sich aus der Wissenstreppe ableitbaren Managementsysteme sind das strategische Wissensmanagement, das Daten- und Informationsmanagement sowie das operative Wissensmanagement, welche im Folgenden näher betrachtet werden.

Strategisches Wissensmanagement

Das strategische Management eines Unternehmens „..dient hauptsächlich einer zukunftsorientierten Identifikation, Gestaltung, Nutzung und Erhaltung interner und externer Erfolgspotenziale" (Nohr 2004). Da die Ressource Wissen in Zeiten des demografischen Wandels und des damit verbundenen Fachkräftemangels, der zunehmenden Globalisierung und des Wandels zur Wissensgesellschaft ein wichtiges kritisches Erfolgspotenzial zur Steigerung von nachhaltigen Wettbewerbsvorteilen darstellt, bedarf es eines effizienten strategischen Managements dieser Ressource.

Das strategische Wissensmanagement setzt in der Wissenstreppe auf der Ebene der Wettbewerbsfähigkeit an und durchläuft die Wissenstreppe von oben nach unten. Aus den erforderlichen Kompetenzen zum Aufbau und Erhalt der Wettbewerbsfähigkeit werden die daraus resultierenden Anforderungen an das Können, die Handlungen und das Wissen abgeleitet (North 2011). Die Ziele des strategischen Wissensmanagements sind aus den Unternehmenszielen, der strategischen Organisation und der Ausrichtung der Unternehmenspolitik abzuleiten (Ebner et al. 2007; North 2011).

Informations- und Datenmanagement

Voss und Gutenschwager definieren das Informationsmanagement als „...die wirtschaftliche (effiziente) Planung, Beschaffung, Verarbeitung, Distribution und Allokation von Informationen als Ressource zur Vorbereitung und Unterstützung von Entscheidungen (Entscheidungsprozessen) sowie die Gestaltung der dazu erforderlichen Rahmenbedingungen" (Voss, Gutenschwager 2001). Unter Datenmanagement hingegen wird die Beschaffung, Speicherung, Aufbereitung und Bereitstellung von Daten verstanden (Hasler Roumois 2013).

Da Wissen durch die „zweckdienliche Vernetzung von Informationen..." (North 2011) entsteht, stellt das Informations- und Datenmanagement eine wichtige Grundlage für ein erfolgreiches Wissensmanagement dar und bildet eine wichtige Voraussetzung für den

Aufbau und den Transfer von Wissen (North 2011). Es bietet somit eine wichtige Voraussetzung für die Nutzung operativer Wissensmanagementsysteme und -methoden.

Operatives Wissensmanagement

Aufbauend auf dem Informations- und Datenmanagement, beschäftigt sich das operative Wissensmanagement mit der Vernetzung der erforderlichen Informationen zu Wissen, dessen Umsetzung in Handlungen und der Überführung und dem Aufbau von Kompetenzen, die zur Steigerung und zum Erhalt der Wettbewerbsfähigkeit beitragen. Im Gegensatz zum strategischen Wissensmanagement durchläuft das operative Wissensmanagement die Wissenstreppe von unten nach oben (North 2011).

Operatives Wissensmanagement ist geschäftsprozessorientiert ausgerichtet (Nohr 2004) und „...umfasst demnach alle Maßnahmen, die jenes Wissen verfügbar machen, das in Unternehmensprozessen benötigt wird" (Zboralski 2007). Vor allem die Überführung des impliziten in explizites Wissen und umgekehrt sowie die Schaffung von Anreizen und Motivation zum Aufbau, zur Teilung und zur Nutzung von Wissen im operativen Alltag liegen im Fokus des operativen Wissensmanagements (North 2011).

Für die Generierung und den Erhalt von Wettbewerbsvorteilen ist es unerlässlich, das vorhandene Wissen und die daraus resultierenden Kompetenzen im Unternehmen zu halten und auszubauen. Da dieses Wissen stets an Personen mit ihren individuellen Erfahrungen gebunden ist, besteht durch Mitarbeiterfluktuation die Gefahr des Wissensverlustes, wenn Wissensträger das Unternehmen bspw. durch Renteneintritt verlassen. Daher ist es von besonderer Bedeutung, dieses Wissen zu heben, für das Unternehmen zugänglich zu gestalten und zu übertragen sowie Wissensträger und Wissensnehmer hierzu zu motivieren.

Die effektive Ausgestaltung eines operativen Wissensmanagements sowie die damit verbundene Integration von effizienten Methoden zur Hebung und zum Transfer von Wissen in den Unternehmensalltag ist somit eine wichtige Komponente zum Aufbau und zur Wahrung der Wettbewerbsfähigkeit. Die Entwicklung einer solchen Methode steht daher im Fokus dieser Arbeit.

Für die Entwicklung einer effizienten Methode zur Wissensübertragung ist es erforderlich, die verschiedenen Arten sowie Träger von Wissen zu differenzieren. In einem Unternehmen liegen unterschiedliche Wissensarten vor, deren Hebung und Transfer (bspw. in Abhängigkeit des Wissensträgers) unterschiedliche Vorgehensweisen erfordern. Die Differenzierung der Wissensarten und -träger wird daher nachfolgend näher betrachtet.

2.3 Klassifikation des Wissens

In der Literatur sind zahlreiche, sich teilweise überschneidende Klassifikationsansätze zur Abgrenzung von Wissen aufzufinden. Die Heterogenität der Klassifikationen ist zum einen auf die Vielzahl verschiedener Definitionen des Wissensbegriffs zurückzuführen. Zum anderen ergeben sich durch die Betrachtung verschiedener Dimensionen wie Artikulierbarkeit, Strukturiertheitsgrad, Wissensträger etc. weitere teilweise differierende und sich teilweise überschneidende Klassifikationsansätze.

Für die Entwicklung einer effizienten Methode zur Hebung und Übertragung von Wissen in der Einzelfertigung sollen folgende Wissensarten bzw. Klassifizierungen im Weiteren näher betrachtet werden:

- Personenbezogene und nicht personenbezogene Wissensträger
- Implizites und explizites Wissen
- Deklaratives und prozedurales Wissen
- Postfiguratives, konfiguratives und präfiguratives Wissen
- Handlungswissen
- Erfahrungswissen

2.3.1 Personenbezogene und nicht personenbezogene Wissensträger

Eine Differenzierung nach Wissensträgern wird bspw. von Pautzke, Probst et al., Amelingmeyer, Güldenberg und Ewald vorgenommen. Die Betrachtung der Klassifikationsansätze nach Wissensträgern zeigt, dass vorwiegend zwischen personenbezogenen und nicht personenbezogenen Wissensträgern unterschieden wird. Personenbezogene Wissensträger (personelle Wissensträger nach Amelingmeyer, natürliche Speichersysteme nach Güldenberg bzw. personale Träger nach Ewald) werden durch den Menschen vertreten (vgl. Amelingmeyer 2002; Güldenberg 2001; Ewald 1989). Das Wissen ist bei dieser Art von Wissensträgern an den Menschen als Einzelperson, Gruppe oder Wissensgemeinschaft gebunden. Hierzu differenzieren u.a. Pautzke und Probst et al. zwischen individuellem, kollektivem und organisationalem Wissen (Pautzke 1989; Probst et al. 2012).

Unter nicht personenbezogenen Wissensträgern werden materielle Wissensträger (Amelingmeyer 2002), künstliche Speichersysteme (Güldenberg 2001) oder informationelle bzw. materielle Träger (Ewald 1989) verstanden. Diese Träger kommen bspw. in der Form von Speichermedien wie Disketten oder DVDs oder als Schriftstücke wie Patente oder Zeichnungen vor.

2.3.2 Implizites und explizites Wissen

Die Differenzierung des Wissens nach der Explizierbarkeit bzw. Aussagbarkeit des Wissens in implizites und explizites Wissen ist die Unterteilung des Wissens, die in der Literatur am häufigsten aufzufinden ist.

Der Begriff des impliziten Wissens (im Original„Tacit knowledge") ist dabei auf Polanyi zurückzuführen, der Mitte der sechziger Jahre „das menschliche Erkennen ausgehend von der Tatsache betrachtet, dass wir mehr wissen, als wir zu sagen wissen" (Polanyi 1985).

Polanyi sagt, dass sich menschliche Fähigkeiten dadurch auszeichnen, „die Beziehungen zwischen zwei Ereignissen zu registrieren, von denen wir beide Kenntnis haben, aber nur eins in Worte ausdrücken können". Polanyi gibt an, dass die Grundstruktur des Wissens immer aus zwei Termen zusammengesetzt ist, wobei der zweite Term (distaler Term) bekannt und angebbar ist und der erste Term (proximaler Term) nicht bewusst bekannt und nicht aussagbar ist. Die Verknüpfung der beiden Terme bleibt dabei ebenfalls implizit. (Polanyi 1985)

Polanyi differenziert zwar nicht ausdrücklich zwischen den heute weitgehend verwendeten Wissensarten „implizit“ und „explizit“, entwickelt jedoch „das analytische Konstrukt der Zweigliedrigkeit des Wissens" (Schilcher 2006). Diese Zweigliedrigkeit ist durch den distalen und proximalen Term des Wissens gegeben.

Polanyi erläutert vier Aspekte des impliziten Wissens: den funktionalen, den phänomenalen, den semantischen und den ontologischen Aspekt.

Unter dem funktionalen Aspekt des impliziten Wissens beschreibt Polanyi den Zusammenhang des proximalen und distalen Terms wie folgt: „Wir kennen den ersten Term (proximaler Term) nur, insofern wir uns auf das Gewahrwerden dieses ersten Terms verlassen, um den zweiten (distalen Term) zu erwarten" (Polanyi 1985). Hierbei stellt der proximale Term das Hintergrundbewusstsein dar und der distale Term das zentrale, aussagbare Bewusstsein. Bei Wahrnehmungs- bzw. Erkenntnisprozessen erfolgt eine Verlagerung der Aufmerksamkeit vom proximalen Term (den Einzelheiten) auf den distalen Term (das Ganze) (Polanyi 1985). Hierbei übt der proximale Term eine unterstützende Funktion aus, auf die der Mensch sich verlässt. Der proximale Term integriert die Einzelheiten in ein mit Bedeutung versehenes Ganzes (Baumgartner 1993). Auf das oft zitierte Beispiel des Fahrradfahrens übertragen, bedeutet dies eine Verlagerung der Aufmerksamkeit von den Einzelheiten wie Einflussfaktoren (bspw. Straßenbeschaffenheit), Gleichgewichtssinn und der einzelnen Merkmale der verschiedenen Muskelbewegungen auf das erfolgreiche Ausführen des Ganzen, des Fahrradfahrens. Durch diese Verlagerung der Aufmerksamkeit verlässt sich der Mensch auf das „Gewahrwerden" der Einzelheiten und ist demnach nicht im Stande, diese Einzelheiten zu beschreiben.

Als phänomenalen Aspekt des impliziten Wissens beschreibt Polanyi, dass der unaussagbare Teil des Wissens (proximaler Term) erst über den aussagbaren Teil (distaler Term) registriert wird: „...,dass wir den proximalen Term eines Aktes impliziten Wissens im Lichte seines distalen Terms registrieren..." (Polanyi 1985). Ein Beispiel hierfür ist die Durchführung einer artistischen Kunstfigur, bei der die einzelnen Muskelleistungen erst als Ausführung der Kunstfigur selbst registriert werden. (Polanyi 1985)

Als den semantischen Aspekt beschreibt Polanyi „die Trennung zwischen einer Bedeutung und dem, was diese Bedeutung hat" (Polanyi 1985). Als Beispiel führt Polanyi die Handhabung eines Handwerkzeuges an. Der Druck, den das Werkzeug in der Hand ausübt, wird als Bedeutung dessen wahrgenommen, welche Wirkung das Werkzeug auf die Dinge hat, auf die es angewendet wird (Polanyi 1985). Das Gefühl, welches durch das Werkzeug in der Hand ausgelöst wird, ist für jemanden, der dieses Werkzeug noch nie verwendet hat, zunächst lediglich bspw. ein Druck in der Handfläche. Nach dem erlernten Umgang mit dem Werkzeug verwandelt sich dieses Gefühl in der Hand in ein Gefühl „an der Spitze selbst" (Polanyi 1985). Der semantische Aspekt beschreibt demnach die Bedeutung des Ganzen für das Individuum.

Aus den oben beschriebenen drei Aspekten des impliziten Wissens leitet Polanyi den vierten Aspekt ab. Der vierte, ontologische Aspekt gibt an, „von was implizites Wissen Kenntnis gibt" (Polanyi 1985). „Sobald implizites Wissen eine bedeutungstragende Beziehung zwischen zwei Gliedern herstellt, können wir es mit dem Verstehen der komplexen Entität gleichsetzen, die die beiden Terme zusammen bilden" (Polanyi 1985). Das implizite Wissen kann somit, laut Polanyi, als Verständnis des Ganzen angesehen werden. Bezogen auf das Beispiel der Werkzeugnutzung bedeutet dies, dass ein Gesamtverständnis beim Nutzer vorherrscht, wie dieses Werkzeug zu verwenden ist, auch wenn die einzelnen Aspekte der Verwendung teilweise nicht aussagbar sind.

Polanyis Arbeiten über das implizite Wissen und die Aussage, „...dass wir mehr wissen, als wir zu sagen wissen" (Polanyi 1985) wurden erst einem breiten Publikum bekannt, als Nonaka und Takeuchi diese Überlegungen 1995 in ihrem Werk „The Knowledge-Creating Company" wieder aufnahmen (vgl. Nonaka, Takeuchi 1995).

Nonaka und Takeuchi differenzieren ausdrücklich die Wissensarten „explizites Wissen“ und „implizites Wissen“ und beschreiben vier Arten der Wissensumwandlung sowie die Übergänge zwischen den Wissensarten als Wissensspirale. Die Umwandlung der Wissensarten sowie die Theorie der Wissensspirale werden in Kapitel 2.5.2 näher erläutert.

Heutzutage gibt es für die Begriffe „implizites Wissen" und „explizites Wissen" verschiedene Definitionen in der Literatur, die größtenteils darin differieren, wie weit der Begriff des „impliziten Wissens“ gefasst wird.

Eine breit gefasste Definition des Begriffes „implizites Wissen“ ist bei Hasler Roumois wie folgt zu finden: „Implizites Wissen umfasst alles, was eine Person aufgrund ihrer Erfahrung, ihrer Geschichte, ihrer Tätigkeiten und ihres Lernens im Kopf hat. Diese Gesamtmenge an implizitem Wissen besteht aus Wissensteilen mit unterschiedlichen Merkmalen, nämlich in Abhängigkeit ihrer jeweils verschiedenen Art der Entstehung." (Hasler Roumois 2013) Weiterhin differenziert Hasler Roumois hinsichtlich der Entstehungsart und Bewusstheit die drei Bestandteile „bewusstes Wissen“, „latentes Wissen“ und „stilles Wissen“ des impliziten Wissens. Bewusstes Wissen ist mit Aufmerksamkeit gelernt worden und kann bei Bedarf expliziert werden. Latentes Wissen ist Wissen, das einem nicht bewusst ist, da es „mitgelernt" wurde, gilt aber als potenziell explizierbar. Stilles Wissen ist in der Regel unbewusst. Es beschreibt das von Polanyi definierte „Tacit knowledge" (stillschweigendes Wissen). Unter explizitem Wissen versteht Hasler Roumois immer bereits expliziertes Wissen, d.h. „diejenigen impliziten Wissensinhalte, die dem Wissenden kognitiv zugänglich sind,...", der Wissende darüber also gesprochen oder geschrieben hat und „das Immaterielle und Diffuse .. in eine materielle Form (Zeichen-Daten) übersetzt wurde" (Hasler Roumois 2013).

Nonaka und Takeuchi hingegen sehen, in Anlehnung an Polanyi, eine etwas enger gefasste Definition der Begriffe „implizites“ und „explizites Wissen“ vor. „Implizites Wissen ist persönlich, kontextgebunden und daher nur schwer kommunizierbar" (Nonaka, Takeuchi 1995). Das „implizite Wissen“ enthält nach Nonaka und Takeuchi sowohl technische Aspekte wie konkretes Know-How, Fertigkeiten und Geschicklichkeiten, als auch kognitive Elemente wie mentale Modelle (vgl. Kapitel 2.4). „Implizites Wissen“ ist zumeist subjektiv und durch körperliches Erfahren und Erleben geprägt. „Explizites Wissen hingegen lässt sich in formaler, systematischer Sprache weitergeben" (Nonaka, Takeuchi 1995) und ist vorwiegend objektiv, wie bspw. Verstandeswissen oder Wissen über bestimmte Theorien. (Nonaka, Takeuchi 1995)

Eine ähnliche Abgrenzung nimmt Amelingmeyer vor, indem sie „solches Wissen als explizites Wissen bezeichnet, das artikulierbar ist" (Amelingmeyer 2002), d.h. solches Wissen, das bereits sprachlich oder schriftlich umgesetzt ist oder umgesetzt werden kann, dem Wissensträger also bewusst ist. „Demgegenüber wird von implizitem Wissen gesprochen, wenn Wissen nicht unmittelbar artikulierbar ist, also in eher intuitiver und/oder unbewusster Form vorliegt" (Amelingmeyer 2002).

Im weiteren Vorgehen werden für die Begriffe „implizites“ und „explizites Wissen“ folgende, an Nonaka und Takeuchi sowie Amelingmeyer angelehnte Definitionen, zugrunde gelegt:
Explizites Wissen ist vorwiegend objektives Wissen, das sich formal durch Sprache oder Schrift wiedergeben lässt und dessen Vorhandensein dem Wissensträger bewusst ist. Implizites Wissen hingegen ist vorwiegend subjektiv geprägt, nicht unmittelbar artikulierbar, an den personellen Wissensträger gebunden und diesem nicht unbedingt bewusst.

2.3.3 Deklaratives Wissen und prozedurales Wissen

Eine weitere Differenzierung des Wissens kann in die Wissensarten „deklaratives und prozedurales Wissen“ vorgenommen werden. Diese Differenzierung ist auf Ryle zurückzuführen, der die Begriffe „knowing that" und „knowing how" prägte (vgl. bspw. Ryle 1949). Anderson hat diese Unterscheidung in seiner ACT-Theorie (Adaptive Control of Thought) als System zum modellbasierten Wissenserwerbsprozess aufgenommen (vgl. Anderson 1983).

Anderson verwendet in seiner Theorie die drei wesentlichen Komponenten „Deklaratives Gedächtnis" (Speicherung von deklarativem Wissen), „Prozedurales Gedächtnis" (Speicherung von prozeduralem Wissen) und „Arbeitsgedächtnis" (vgl. Abbildung 2.4) (Anderson 1983).

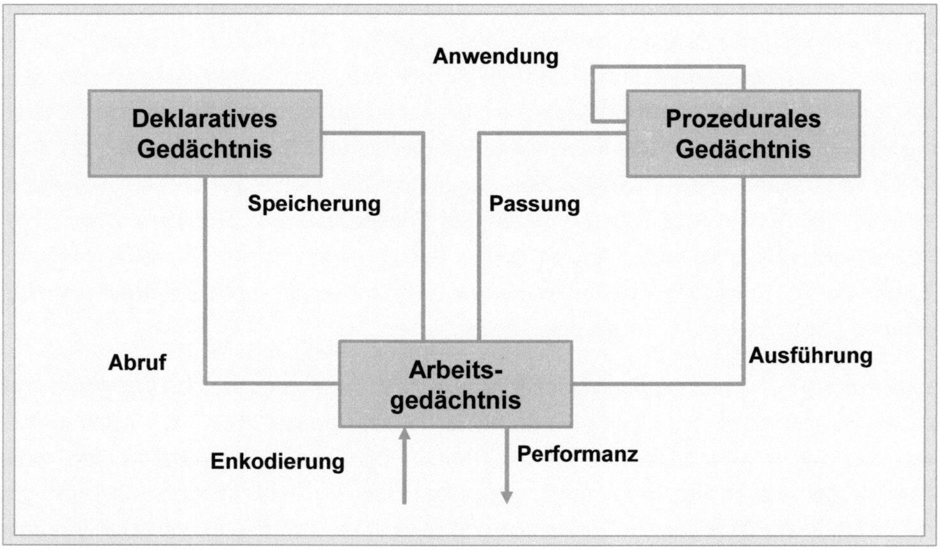

Abbildung 2.4: ACT-Modell (nach Anderson 1983)

Deklaratives Wissen wird in der Literatur auch als Faktenwissen (bspw. Hacker 2005), kenntnisgebundenes Wissen (Amelingmeyer 2002) oder Inhaltswissen (Hasler Roumois 2013) bezeichnet.

Deklaratives Wissen bezieht sich auf das „Wissen was" bzw. das „Kennen" relevanter Sachverhalte (Mertins, Finke 2004) und „entsteht aus dem gedanklichen Erfassen und Verarbeiten von Aspekten der Realität" (Amelingmeyer 2002). Deklaratives Wissen kann in Form von deklarativ episodischem Wissen, d.h. als Erinnerung an bestimmte Ereignisse oder als deklarativ semantisches Wissen in der Form von Fakten vorliegen (Nerdinger et al. 2011; Hacker 2005). Weiterhin kann deklaratives Wissen subjektiv oder objektiv vorliegen. Subjektives deklaratives Wissen ist nicht begründbar und beruht auf Gefühlen, Empfindungen, Wahrnehmungen und auf Erfahrungen beruhender Kenntnisse von Sachverhalten. Objektiv deklaratives Wissen hingegen umfasst eher konkrete Einzelheiten und Fakten sowie Theorien und Logiken (Amelingmeyer 2002). Die Übergänge zwischen diesen einzelnen Formen des deklarativen Wissens sind dabei fließend.

Das deklarative Wissen wird nach Anderson hierarchisch strukturiert im deklarativen Gedächtnis gespeichert und in Form von räumlichen Bildern, Ketten über zeitliche Anordnung von Wissenselementen und abstrakten Propositionen (im Sinne abstrakter Objekte) repräsentiert (Strohschneider 1990 nach Anderson 1983).

Prozedurales Wissen oder auch Vorgehenswissen (Hacker 2005) wird in der Literatur auch als praktisches Wissen (Hasler Roumois 2013) oder handlungs(bezogenes) Wissen (Amelingmeyer 2002; Hasler Roumois 2013) bezeichnet und bezieht sich auf das „Kennen" bzw. das „Wissen wie". Im Gegensatz zum statischen deklarativen Wissen ist das prozedurale Wissen dynamisch (Baumgartner 1993). Es beinhaltet das Wissen über Vorgehensweisen.

Das prozedurale Wissen wird nach Andersons Theorie in Form von Produktionen repräsentiert (Strohschneider 1990 nach Anderson 1983). Produktionen stellen dabei Regeln dar, die aus Wenn-/Dann-Bedingungen bestehen (Hasler Roumois 2013). Diese Produktionen können „variable slots", also Leerstellen, enthalten, so dass die Produktionen in unterschiedlichem Allgemeinheitsgrad konstruierbar sind (Strohschneider 1990 nach Anderson 1983).

In der dritten von Anderson angesprochenen Komponente, dem Arbeitsgedächtnis, sind die Informationen, die momentan dem Bewusstsein zugänglich sind, aktiviert. Im Arbeitsgedächtnis werden sowohl Eindrücke von außen enkodiert, deklaratives Wissen dem deklarativen Gedächtnis zugeführt oder von dort abgerufen und über Vergleichsprozesse Inhalte über Prozeduren mit dem prozeduralen Gedächtnis verglichen sowie

Ergebnisse der Ausführungen von Prozeduren in das Arbeitsgedächtnis überführt (vgl. Abbildung 2.4) (Anderson 1983).

2.3.4 Postfiguratives, konfiguratives und präfiguratives Wissen

Eine weitere Differenzierung des Wissens nimmt Eck (1997) bei der Erstellung eines Prozessmodells des Wissensmanagements vor. Eck kategorisiert das Wissen nach der Konsistenz und der Entstehung in postfiguratives, konfiguratives und präfiguratives Wissen.

Unter dem postfigurativen Wissen wird das vorhandene und zur Verfügung stehende Wissen verstanden, das vorwiegend explizit in Form von Texten, Erfahrungen, Vorentscheidungen usw. vorliegt. Hierbei handelt es sich um institutionalisiertes Wissen, welches strukturiert gespeichert ist und vorwiegend über Lehrbücher und -inhalte vermittelt wird. (Eck 1997)

Das konfigurative Wissen ist Wissen, das bei der Lösung von Problemen und der Bewältigung von Situationen durch Handeln als Erfahrung, Entdeckung, Einsicht usw. entsteht. Diese Art des Wissens liegt vorwiegend implizit vor. (Eck 1997)

Präfiguratives Wissen wird zumeist in impliziter Form gespeichert und beschreibt den Teil des Wissens, der relativ diffus vorliegt. Hierunter fällt Wissen in Form von Ahnungen, Intuitionen, Utopien usw. (Eck 1997)

Bei genauer Betrachtung der Wissenskategorien nach Eck entsprechen das postkonfigurative und das konfigurative Wissen weitestgehend den oben beschriebenen Wissensarten „deklaratives Wissen" und „prozedurales Wissen". Eck erweitert diese Unterscheidungen des Wissens um eine dritte Komponente, dem präfigurativem Wissen.

2.3.5 Handlungswissen

Teilweise wird in der Literatur der Begriff des Handlungswissens mit dem oben beschriebenen prozeduralen Wissen gleichgesetzt, was jedoch der komplexen Struktur des Handlungswissens nicht gerecht wird.

Strohschneider schreibt diesbezüglich: „Unser Wissen über die Welt ist unmittelbar mit unserem Wissen über zielführendes Handeln in der Welt verknüpft, beides ist funktional aufeinander bezogen" (Strohschneider 1990). Strohschneider bezieht sich hiermit auf die Arbeiten von Hoffmann (1986, 1988), der davon ausgeht, dass regelhafte Bewegungsabläufe durch gespeicherte Verhaltensprogramme repräsentiert werden und das „Handlungswissen als integraler Bestandteil einer einheitlichen Wissensstruktur" vorliegt (Strohschneider 1990). Hoffmann unterscheidet bei der Beschreibung von Handlungswissen also nicht zwischen deklarativem und prozeduralem Wissen, sondern setzt beide Wissensarten in Form einer Wissensstruktur für das Handlungswissen als Basis.

Ebenso sieht Hacker sowohl das deklarative Wissen, als Wissen um Sachverhalte, als auch das prozedurale Wissen, als Wissen um mögliche Vorgehensweisen bzw. Verfahren, als Bestandteile des Handlungswissens (vgl. bspw. Hacker 1992, 2005, 2008, 2009). Hacker spricht in diesem Zusammenhang von der Vorgehens-Sachwissen-Kopplung, bei der das vorgehensrelevante Sachwissen (deklarativ) an das Vorgehenswissen (prozedural) angekoppelt ist (Hacker 2005). Das deklarative sowie das prozedurale Wissen können hierbei sowohl in Form von implizitem als auch in Form von explizitem Wissen vorliegen. Weitere Bestandteile des Handlungswissens sind das Wissen um Ziele und „sogenannte fluide Intelligenzkomponenten in Form des Arbeitsgedächtnisses" (Hacker 2009). Denn nur durch die Ankopplung von Absichten (Wissen um Sollzustände und die Absicht, diese zu erreichen) an das Sach- und Vorgehenswissen können Handlungen reguliert werden. Es erfolgt eine Verknüpfung von antriebsregulatorischem Wissen mit dem ausführungsregulatorischen Wissen um Vorgehensweisen nebst Sachwissen. Dies ist die Intuitionen-Wissens-Kopplung (Hacker 2005).

Hieraus zeigt sich, dass nicht jedes Wissen handlungswirksam ist. Hier unterscheidet Hacker zwischen trägem und nicht trägem Wissen. Nur nicht-träges Wissen ist handlungsregulierend. Dieses Wissen zeichnet sich durch die Ziel-Bedingungs-Maßnahmen-Struktur (ZBM) aus (Hacker 2009). Daher kann handlungsleitendes Wissen auch vergröbert in Bedingungswissen und Maßnahmenwissen unterteilt werden. Das Bedingungswissen beinhaltet, auf die Ausführung eines Arbeitsauftrags bezogen, das Wissen über Ziel, Ausgangsbedingung und Entstehungsursache. Das Maßnahmenwissen beinhaltet Wissen über auszuführende Maßnahmenpakete, Berücksichtigung von Ausführungsbedingungen, Partner, Arbeitsmittel und Wissen über mögliche Folgen bzw. Nebenwirkungen. Diese einzelnen Informationen (Leerstellen), die zum Ausführen einer Arbeitsaufgabe erforderlich sind, müssen mit handlungsleitendem Wissen gefüllt sein. (Hacker 2008)

Das dazugehörige Konzept (Leerstellenkonzept) sowie die detaillierte Beschreibung der ZBM-Struktur des Handlungswissens werden im Zusammenhang mit der Handlungsregulation in Kapitel 2.4 näher betrachtet und erläutert.

2.3.6 Erfahrungswissen

Das Erfahrungswissen ist eine hochentwickelte Form des Handlungswissens (Plath 2002). Diese Art des Wissens „lässt sich allgemein als ein Wissen bezeichnen, das im praktischen Handeln erworben und angewandt wird. Es ist daher in hohem Maße personengebunden und auf konkrete Situationen bezogen" (Böhle et al. 2002). Die Personengebundenheit des Erfahrungswissens, sowie auch des Handlungswissens, impliziert somit, dass diese Art des Wissens nur bei natürlichen, also personellen Wissensträgern vorliegt.

Erfahrungswissen besteht ebenso wie Handlungswissen aus explizitem praktischem Wissen, explizitem theoretischem Wissen sowie implizitem Wissen und bezieht sich sowohl auf Sachverhalte (deklaratives Wissen) als auch auf Vorgehensweisen (prozedurales Wissen) (Plath 2002).

Zum einen basiert Erfahrungswissen auf vielen vergleichbaren Fällen, von denen der Wissensträger Kenntnis hat, zum anderen auch auf Kenntnis unterschiedlicher Situationen mit differierenden Anforderungen. Weiterhin beinhaltet Erfahrungswissen auch Umgangserfahrung, d.h. vergangene Erfahrungen über Ereignisse, die dem Wissensträger vertraut sind, da er bereits Umgang mit diesen Ereignissen hatte und daher auch Fehler, Risiken, Ursachen und Auswirkungen kennt und abschätzen kann. Darüber hinaus umfasst Erfahrungswissen eine weitere, vierte Komponente. Es umfasst ein auf Wahrnehmungen und Erlebnissen gestütztes subtiles und differenziertes Erfassen und Erleben gegenwärtigen Geschehens durch bereits vorhandene Erfahrungen. (Plath 2002) Erfahrungswissen basiert demnach auf Wissen über Ziele, Bedingungen und Maßnahmen (vgl. Kapitel 2.4.3), welches aufgrund „empirischer Erkenntnisprozesse im eigenen praktisch-gegenständlichen Handeln" erlangt wurde (Hacker 2009)

Erfahrungswissen „ermöglicht damit das vollzugs-, ergebnis- sowie beanspruchungsgünstige Bewältigen aktueller Anforderungen" (Plath 2002) und somit (Arbeits-) Handlungen sowie „differenziertes Erfassen des Geschehens, der Situation, von Ereignissen mit Signalwirkung usw." (Plath 2002) Erfahrungswissen ist somit eine wichtige Voraussetzung für erfolgreiches Handeln.

Aufgrund großer Arbeitsinhalte, geringer Standardisierung, wenig detaillierter Arbeitspläne und geringer Wiederholhäufigkeit gleicher Prozesse ist ein umfangreiches Handlungs- und Erfahrungswissen der Mitarbeiter in der Einzelfertigung unerlässlich. Da dieses Wissen jedoch personengebunden ist, besteht die Gefahr des Wissensverlustes für das Unternehmen, sobald der Wissensträger das Unternehmen bspw. aufgrund von Renteneintritt verlässt. Zur Erhaltung und zum Ausbau von Wettbewerbsvorteilen ist es daher wichtig, dieses Wissen im Unternehmen zu halten. Hierzu soll eine effiziente Methode erarbeitet werden, mit der das vorwiegend implizite Erfahrungswissen erfahrener Mitarbeiter gehoben und transferiert werden kann. Zur Gestaltung dieser Methode ist es jedoch zunächst erforderlich, den Einbezug der beschriebenen Wissensarten in das Handeln sowie die Handlungsregulation im Arbeitsprozess näher zu betrachten.

2.4 Handlung und Handlungsregulation

Um die im allgemeinen Sprachgebrauch teilweise äquivalent gebräuchlichen Begriffe „Tätigkeit", „Handlung" und „Operation" voneinander zu differenzieren, sollen die im Weiteren verwendeten Begriffe definiert werden.

Da das Handeln des Mitarbeiters unmittelbar in Beziehung zu seinem Wissen steht, werden zunächst die unterschiedlichen Arten des Arbeitshandelns sowie anschließend die Regulation der Handlungen näher betrachtet und erläutert.

2.4.1 Tätigkeit, Handlung und Operation

Die Definitionsdifferenzierung der Begriffe „Tätigkeit", „Handlung" und „Operation" ist auf Leontjew zurückzuführen, der eine Gliederung von Tätigkeiten, Handlungen und Operationen in verschiedenen Ebenen einführt (vgl. Leontjew 1982). Diese Überlegungen wurden unter anderem von Hacker aufgegriffen und für arbeitspsychologische Betrachtungen spezifiziert. Eine vereinfachte schematische Darstellung der hierarchischen Organisation der Begriffe ist in Abbildung 2.5 dargestellt.

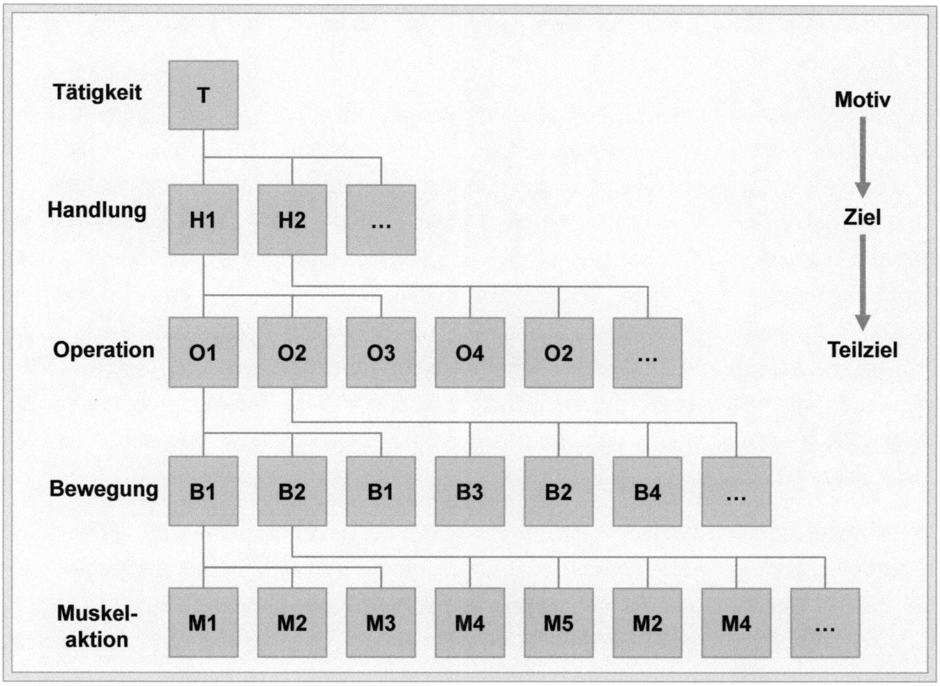

Abbildung 2.5: Schematische Darstellung des hierarchischen Aufbaus der Tätigkeit (in Anlehnung an Hacker 1978, Leontjew 1982)

Tätigkeiten stellen in diesem Zusammenhang die oberste Einheit des Verhaltens dar. Sie werden durch Motive angeregt und reguliert, wobei diese Motive nach Leontjew nicht immer unbedingt bewusst sind (Leontjew 1982). Auf die durchzuführenden Arbeiten im Unternehmen bezogen, stellen die Tätigkeiten den Gesamtprozess, also einen in sich abgeschlossenen Arbeitsprozess, dar. Hacker definiert in Bezug auf die Arbeitstätigkeiten, dass die „Grundlage der Arbeitstätigkeiten der Vorsatz der Tätigkeit, also eine bewusste Zieldefinition bzw. das Vorhandensein eines Motivs" ist (Walliser 1999 nach Hacker 1986). Da Hacker sich auf die Tätigkeiten im Unternehmen fokussiert, soll im weiteren Vorgehen die Definition nach Hacker verwendet werden.

Aus den Tätigkeiten wiederum leiten sich bewusste und durch konkrete Ziele initiierte Handlungen ab. Hierbei kann sich bei objektiv gleichen Handlungen der Charakter der Tätigkeit in Abhängigkeit des verfolgten Motivs unterscheiden (Leontjew 1982). Hacker definiert die Handlung als die kleinste psychologische Einheit der durch den bewussten Willen des Handelnden gesteuerten Tätigkeiten. „Die Abgrenzung dieser Handlungen erfolgt durch das bewusste Ziel, das die mit dem Motiv verbundene Vorwegnahme des Ergebnisses darstellt. Nur kraft ihres Ziels sind Handlungen selbstständige, abgrenzbare Grundbestandteile (Einheiten) der Tätigkeit" (Hacker 1978). Handlungen werden dabei über die psychische Regulation des Handelnden gesteuert und geformt (vgl. Kapitel 2.4.2) (Volpert 1997).

Operationen wiederum stellen Teile der Handlungen bspw. in Form von Handgriffen dar. Sie sind im Gegensatz zu den Handlungen unselbstständige Bestandteile der Tätigkeiten, da die Resultate der Operation dem Handelnden nicht als Ziel bewusst werden. Jedoch werden zu ihrer Regulation sinnvolle kurzlebige und auf das Ziel bezogene Teilziele gebildet (Hacker 1978). Leontjew betont, dass Operationen mit den vorherrschenden Umweltbedingungen zu ihrer Durchführung korrelieren. Bei gleichbleibendem Ziel und veränderten Umweltbedingungen ändert sich die operationale Zusammensetzung der Handlung (Leontjew 1982). Operationen im Arbeitsprozess bestehen aus einzelnen Bewegungen, die vollkommen unselbstständig sind und von der Handlung abhängen. Bewegungen wiederum setzen sich aus einzelnen Muskelbewegungen zusammen (Hacker 1978, Hacker 1986).

In der Industrie sind die Tätigkeiten in der Regel durch Arbeitspläne und dementsprechend einer Abfolge der Prozessschritte vorgegeben. In der Einzelfertigung liegen hierbei zumeist eine geringe Detaillierung und Standardisierung von Vorgaben zur Durchführung der Tätigkeiten vor. Die Ableitung der Handlungen zur Durchführung der Tätigkeit bleiben weitgehend den Mitarbeitern überlassen.

Für die Gestaltung einer effektiven Methode zur Hebung und zum Transfer von Mitarbeiterwissen soll daher der Fokus der weitergehenden Betrachtungen auf den Handlungen erfahrener Mitarbeiter liegen. Im Folgenden werden daher zunächst die verschiedenen Handlungsmodi zur Durchführung von Arbeitshandlungen sowie die Regulation der Handlungen näher betrachtet.

2.4.2 Objektivierendes und subjektivierendes Arbeitshandeln

Die Ausführung von (Arbeits-)Handlungen kann in zwei verschiedene Handlungsmodi, das subjektivierende und das objektivierende (Arbeits-)Handeln, differenziert werden. Ausgangspunkt dieses Konzepts ist die Verbindung von Wissen und Handeln (vgl. Böhle, Schulze 1997). Bei der Durchführung von Handlungen kommen verschiedene Arten von Wissen zur Anwendung, die unterschiedliche Strukturen des Handelns sowohl voraussetzen als auch hervorrufen. Ebenfalls werden durch verschiedene Arten von Handlungen unterschiedliche Formen des Wissens generiert (Böhle et al. 2004; Sevsay-Tegethoff 2007).

Objektivierendes Handeln kann auch als planmäßig-rationales Handeln beschrieben werden (Böhle et al. 2011), bei dem die praktische Anwendung wissenschaftlich begründeten Wissens erfolgt (Böhle et al. 2004). Diese Form des Handelns orientiert sich an objektiven Erkenntnissen sowie generalisierbaren und allgemeingültigen Regeln (Büssing et al. 1999). Weiterhin charakteristisch für objektivierendes Handeln ist die sachliche und affektiv-neutrale Beziehung zwischen dem Subjekt (dem Handelnden) und der Umwelt, bei der die Umwelt einen Objekt-Charakter einnimmt und eine Distanz zwischen dem Handelnden und der Umwelt vorherrscht (Büssing et al. 1999; Sevsay-Tegethoff 2007). Eine Interaktion mit der Umwelt findet einseitig statt, indem das Handeln sich entweder auf die Umwelt auswirkt oder reaktive Einflüsse und Informationen der Umwelt aufgenommen und verarbeitet werden (Böhle et al. 2011). Es erfolgt ein exaktes und objektives Registrieren, bei der die sinnliche Wahrnehmung zumeist nur über einen einzigen Sinn erfolgt, Gefühle als störend für diese Wahrnehmung gelten und Emotionen untergeordnete oder ebenfalls störende Elemente des praktischen Handelns darstellen (Böhle et al. 2011; Büssing et al. 1999). Der Handlungsablauf ist charakterisiert durch eine Trennung von Planung und Ausführung, wobei die Planung der Handlungsschritte und -ziele dem praktischen Handeln vorgelagert ist (Büssing et al. 1999; Böhle et al. 2004).

Mit der Ausrichtung der Arbeitstätigkeiten nach den Prinzipien des zweckrationalen, objektivierenden Handelns geht nicht zwangsläufig die Objektivierung des Mitarbeiters einher. Dies kann der Fall sein, wenn die Organisation der Arbeit streng nach der von Taylor begründeten wissenschaftlichen Betriebsführung ausgelegt ist und eine strikte Trennung von „Hand- und Kopfarbeit" erfolgt (vgl. hierzu Taylor 1911). Andererseits kann die Ausrichtung der Arbeitstätigkeiten auch durch die Mitarbeiter selbst nach zweckrationalem, objektivierendem Handeln ausgelegt sein, wie dies vorwiegend durch die Gestaltung von Informations- und Steuerungssystemen forciert wird (Böhle et al. 2002).

Im Gegensatz zum objektivierenden Handeln richtet sich das Konzept des subjektivierenden Handelns „auf nicht-objektivierende Formen des Wissens und deren Einbindung in eine Strukturierung praktischen Handelns" (Böhle et al. 2004). Subjektivierendes Arbeitshandeln wird in der Literatur im Zusammenhang mit implizitem Wissen auch als erfahrungsgeleitetes Arbeitshandeln bezeichnet (vgl. bspw. Böhle et al. 2004, Böhle et al. 2001, Büssing et al. 1999). Charakteristisch für diesen Handlungsmodus ist die Verschränkung von Planung und Ausführung im Sinne eines „explorativen, dialogisch-interaktiven Umgangs" mit Personen und auch Gegenständen (Böhle et al. 2002). Die Trennung zwischen Planen und Handeln, wie sie beim objektivierenden Arbeitshandeln vorliegt, ist aufgehoben. Ziele und Ergebnisse des Handelns sowie die konkrete Vorgehensweise ergeben sich im Prozess im Sinne der Gleichzeitigkeit von Aktion und Reaktion, Wirkung und Rückwirkung (Büssing et al. 1999). So werden die durchzuführenden Bearbeitungsschritte explorativ durchgeführt, wobei die jeweils erzielten Ergebnisse die Vorgehensweise des nächsten Arbeitsschrittes beeinflussen (Böhle, Rose 1993). Das subjektivierende Arbeitshandeln ist durch eine komplexe sinnlich-körperliche Wahrnehmung geprägt (Sevsay-Tegethoff 2007), die über mehrere Sinne sowie körperliche Bewegung vollzogen wird (Martin 1995). Hierbei werden „sinnliche Wahrnehmungen in körperbezogene Empfindungen umgesetzt und in dieser Weise interpretiert" (bspw. ein Geräusch, das als „schmerzhaft" empfunden wird) (Martin 1995). Diffuse Informationsquellen, wie Geräusche, Farben, Vibrationen etc., sind beim subjektivierenden Handeln ebenso von Bedeutung wie exakt definierbare Informationen (bspw. Messwerte einer Anzeige) (Böhle et al. 2004). Einhergehend mit der sinnlichen Wahrnehmung ist die assoziativ, wahrnehmungsgeleitete sowie bildhaft und verhaltens- bzw. erlebnisbezogene Art des Denkens und Wissens (Böhle et al. 2011). Durch bestimmte Ereignisse (Auslöser) werden unbewusste assoziative Verknüpfungen von Bildern und Bewegungsabläufen ausgelöst, die gegenstands- und erlebnisbezogen sind (Martin 1995). Der Vergleich einer aktuellen Situation mit früheren Erfahrungen sowie der Einbezug von Gefühlen stellen wichtige Bestandteile dar (Martin 1995). Somit erfolgen beim subjektivierenden Arbeitshandeln Eingriffe oftmals intuitiv und „nach Gefühl" (Böhle et al. 2001). Eine weitere wichtige Komponente des subjektivierenden Handelns ist die Beziehung zur Umwelt, die nicht wie beim objektivierenden Handeln auf Distanz beruht, sondern sich durch Nähe, Teilhabe und Verbundenheit mit der Umwelt auszeichnet (Böhle et al. 2004). Es erfolgt keine Trennung zwischen Subjekt und Umwelt, was der Umwelt ebenfalls einen Subjekt-Charakter zuweist (Büssing et al. 1999).

Zur Bewältigung der Arbeitsaufgaben in der Einzelfertigung ist eine Verknüpfung der differierenden Handlungsformen unerlässlich. Das objektivierende Arbeitshandeln beruht auf dem unverzichtbaren Fachwissen der Mitarbeiter. Doch erst die Kombination der beiden Handlungsformen versetzt den Mitarbeiter in die Lage, sowohl planbare als auch Situationen mit „wissenschaftlich-technisch nicht voll beherrschbarer Komplexität" zu bewältigen (Böhle et al. 2001) Das objektivierende und das subjektivierende Arbeitshandeln stehen dabei nicht in einem hierarchischen Verhältnis zueinander. Die verschiedenen Handlungsformen sind vielmehr als einander ergänzend und in wechselseitigem Zusammenhang zu sehen. (Büssing et al. 1999, Sevsay-Tegethoff 2007) Die Regulation dieser Arbeitshandlungen werden im Folgenden näher betrachtet.

2.4.3 Theorie der Handlungsregulation

Die Theorie der Handlungsregulation hat ihren Ursprung in der Kritik am behavioristischen S-R-Modell (Stimulus-Reaktion), das jedes menschliche Verhalten lediglich als Reaktion auf einen Reiz der Umwelt beschreibt. Durch den Einbezug von Zielen, Plänen, Motiven und Abbildern in die Beschreibungen menschlicher Handlungen begann die kognitive Wende, d.h. die Abkehr von den behavioristischen Reiz-Reaktions-Theorien. Aufbauend auf der Syntax-Theorie von Chomsky (vgl. Chomsky 1957), den Arbeiten von Miller/Galanter/Priebram (vgl. Miller et al. 1960) und Leontjew (vgl. Leontjew 1982) wurden Handlungstheorien unter anderem von Volpert und Hacker weiterentwickelt. (Walliser 1999)

Handeln wird in der Handlungstheorie als bewusst und zielgerichtet, sowie gegenständlich und in gesellschaftliche Zusammenhänge eingebunden gesehen. Gegenständlich bedeutet hierbei, dass der handelnde Mensch auf Gegenstände in seiner Umwelt einwirkt sowie diese verändert und andersherum die objektiven Gegebenheiten der Umwelt das Handeln des Menschen bestimmen, d.h. ein dialektisches Verhältnis zwischen Umwelt und Mensch vorliegt. In gesellschaftliche Zusammenhänge eingebunden, heißt in diesem Zusammenhang, dass die Umwelt, in der der Handelnde tätig ist, durch die gesellschaftliche Entwicklung des Menschen geprägt ist und andersherum, dass die dem Handelnden zur Verfügung stehenden Handlungen durch die gesellschaftliche Entwicklung entstanden sind und vom Handelnden individuell angeeignet wurden. (Oesterreich 1981)

In der Literatur sind verschiedene Ansätze der Handlungstheorie zu finden. Im Folgenden soll die Handlungstheorie nach Hacker, die sog. „Theorie der Handlungsregulation" bzw. „Handlungsregulationstheorie" näher betrachtet werden, da diese zusätzlich zu den bereits beschriebenen Charakteristiken von Handlungen einen weiteren Ausgangspunkt aufweist. Die Handlungsregulationstheorie untersucht erweitert Handlungen unter dem

Prinzip der Planung bzw. Regulation von Handlungsfolgen, die einer hierarchisch-sequentiellen Organisation unterliegen (vgl. Hacker 1978).

Hierarchisch-sequentielle Organisation der Handlungen

Das Konzept der hierarchisch-sequentiellen Organisation der Handlungen beruht auf der Annahme, dass Handlungen aufgrund von Zielen bzw. Absichten und der zu ihrer Realisierung dienenden Pläne, die in einem durch Logik verschachtelten Über- bzw. Unterordnungsverhältnis stehen, geleitet werden (Hacker 1978) (vgl. auch bspw. Volpert 1983; Oesterreich 1981). Diese Struktur soll im Folgenden anhand des Beispiels „Eine Gewindebohrung herstellen" erläutert werden:

Um die Gewindebohrung zu erstellen, bedarf es einer Vorgehensweise, wie dies zu bewerkstelligen ist. Das Ziel „Gewindebohrung herstellen" wird zunächst in Teilziele zerlegt wie bspw. „Zentrieren", „Vorbohren", „Senken“, „Fertigbohren" und „Gewinde schneiden".

In Abbildung 2.6 wird der Regelkreis zur Erreichung des übergeordneten Zieles „Gewindebohrung fertigen" verdeutlicht. Dieser Regelkreis wird von Hacker als „regulative Funktionseinheit" (vgl. Hacker 1973) bezeichnet. Im Weiteren soll jedoch die von Volpert verwendete Bezeichnung der „zyklischen Einheit" (vgl. Volpert 1980, 1992, 1994) verwendet werden.

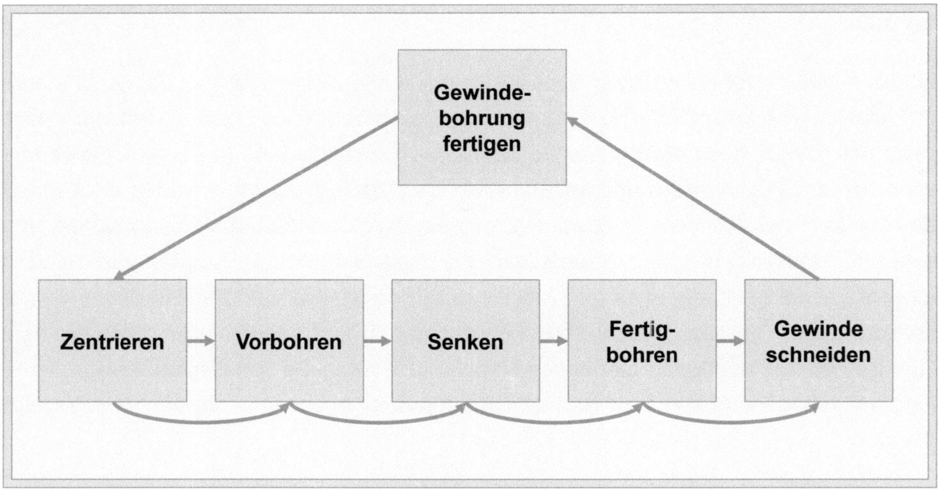

Abbildung 2.6: Die zyklische Einheit (nach Volpert 1992 und 1994 mit eigenem Beispiel)

In dieser zyklischen Einheit wird zunächst das Ziel gebildet und ausgehend von diesem Ziel Aktionen abgeleitet (vgl. Volpert 1983). Die auszuführenden Aktionen zur Erreichung des Zieles werden dabei als „Aktionsprogramm" bezeichnet (Hacker 1978). Diese Aktionen werden zunächst geplant (gerade Pfeile in Abbildung 2.6) und dann durchlaufen (gebogene Pfeile), wobei die Planung der nächsten Aktion dem Durchlauf der vorherigen folgt. Nach Durchlauf der letzten Aktion erfolgt der Vergleich des Ergebnisses mit dem Ziel. (Volpert 1992) Bei diesem Vergleich findet eine Rückmeldung darüber statt, ob die „gewünschte Form der Beziehungen zwischen Subjekt und Umwelt eingetreten" und somit das Ziel erreicht ist. Ist dies der Fall, ist die zyklische Einheit beendet (Volpert 1994).

Jede Aktion des Aktionsprogramms ist selbst wiederum Ziel einer weiteren zyklischen Einheit mit einem Aktionsprogramm zu dessen Zielerreichung. So kann bspw. die Aktion „Vorbohren" durch das Aktionsprogramm „Bohrer einspannen", „Loch bohren", „Späne entfernen" beschrieben werden. Diese Aktionen wiederum sind das Ziel weiterer zyklischer Einheiten. Ebenso ist das Ziel dieses Beispiels („Gewindebohrung herstellen") eine Aktion eines Aktionsprogramms einer wiederum übergeordneten zyklischen Einheit (Arbeitsvorgang „Deckel befestigen" ausführen). Hierdurch entsteht eine hierarchische und verschachtelte Struktur von zyklischen Einheiten.

Auf der untersten Ebene der hierarchischen Struktur der zyklischen Einheiten folgt keine weitere Unterteilung der einzelnen Aktionen in Aktionsprogramme. Diese Aktionen der untersten Ebene stellen die direkt beobachtbaren Bewegungseinheiten zur Erreichung des nächst höheren Ziels (der zyklischen Einheit) dar. In Abbildung 2.7 sind diese Bewegungen als gekrümmte Pfeile dargestellt. Alle Aktionsprogramme und zyklischen Einheiten, die über den beobachtbaren Bewegungselementen liegen, beschreiben „die Struktur der diese Bewegungseinheiten lenkenden Prozesse der Handlungsregulation" (Oesterreich 1981).

Die hierarchische Struktur verschachtelter zyklischer Einheiten unterliegt dabei einer bestimmten Form des Ablaufs. Dieser Ablauf wird in Abbildung 2.7 vereinfacht dargestellt:

Zunächst werden in absteigender Reihenfolge die jeweils ersten Aktionen des übergeordneten Zieles generiert, bis die Basisebene (die Ebene der Bewegungselemente) erreicht ist. Das erste unterste Aktionsprogramm wird durch Ausführen der Bewegungselemente durchlaufen und das Ergebnis an das darüber liegende Ziel (auf Ebene II) gemeldet. Bei positivem Resultat wird das Aktionsprogramm für die nächste Aktion (auf Ebene II) innerhalb der zyklischen Einheit generiert und durchlaufen. Dieser Vorgang wird so lange durchgeführt, bis alle Aktionen des Aktionsprogramms dieser Ebene durchlaufen wurden. Das Ergebnis wiederum wird an die nächsthöhere Ebene (Ebene III) zurückgemeldet. Analog hierzu wird die komplette Struktur der Handlungsorganisation durchlaufen, bis eine positive Rückmeldung über die Zielerreichung an die höchste zyklische Einheit zurückgemeldet wird. Aufgrund der schrittweisen Abarbeitung der Aktionen und Bewegungselemente innerhalb der hierarchischen und verschachtelten Struktur der zyklischen Einheiten wird die Organisation der Handlungen als hierarchisch-sequentiell bezeichnet. (vgl. bspw. Volpert 1983,1992,1994; Hacker 1978,1986; Oesterreich 1981)

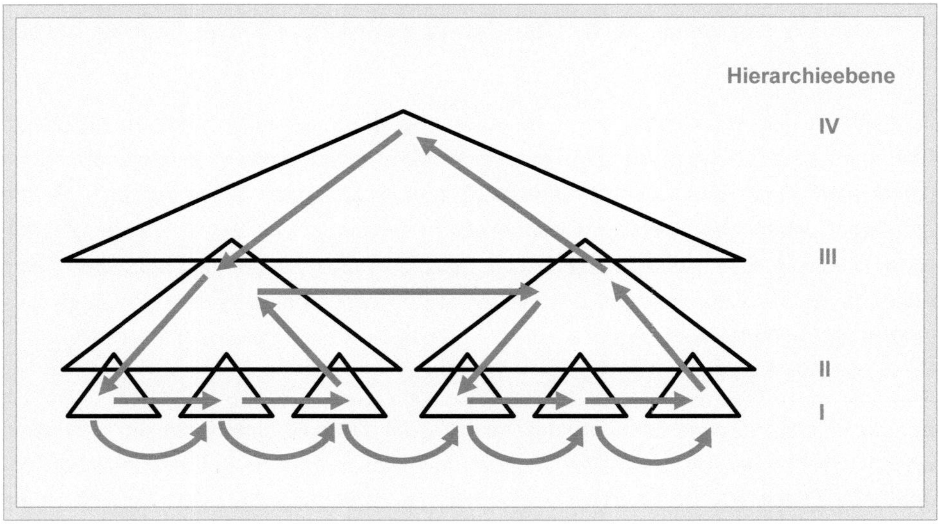

Abbildung 2.7: Die hierarchisch-sequentielle Organisation der Handlung (nach Volpert 1992 und 1994)

Innerhalb der hierarchisch-sequentiellen Struktur liegt eine unterschiedliche Komplexität der Handlungen bzw. Operationen vor. Deswegen werden in der Handlungsregulationstheorie unterschiedliche Ebenen für differierende Komplexitäten von Handlungen (Handlungsvorbereitung und -ausführung) definiert (Bamberg et al. 2012), die im Folgenden näher betrachtet werden.

Ebenen der Handlungsregulation

Die beiden weit verbreiteten Unterteilungen der Handlungen bzw. Operationen in Ebenen gehen auf Hacker (vgl. Hacker 1978; Hacker 1986; Hacker 2005) sowie Oesterreich und Volpert (vgl. Oesterreich 1981; Volpert et al. 1983) zurück. Hacker differenziert 3 Ebenen der Ausführungsregulation: die sensumotorische Regulation, die perzeptiv-begriffliche Regulation sowie die intellektuelle Regulation. Die sensumotorische Regulation stellt den nicht bewusstseinspflichtigen und automatisierten Teil der Handlungsregulation dar. Hierbei lenken bewegungsorientierende Abbilder die automatisierten Vollzüge der Handlungen, wobei die automatisierten Prozesse bspw. auf implizitem Wissen oder kinästhetischer Rezeption (unbewusste Regulation und Steuerung von Bewegungen aufgrund von Informationen, die aus einem Rezeptorbereich (Auge, Ohrknöchelchen etc.) stammen) beruhen. Die sensumotorische Regulation tritt vorwiegend bei manuellen Tätigkeiten auf, bei denen die manuellen Anforderungen und Ausführungsbedingungen relativ gleichbleibend sind. (Hacker 1978; Hacker 1986; Hacker 2005)

Bei der perzeptiv-begrifflichen Regulation „dominieren wahrnehmungs- und wissensgebundene Urteils- und Klassifikationsvorgänge", weswegen diese Ebene auch als „wissensgebundene Aktionsvorbereitung" bezeichnet wird. Im Gegensatz zu den automatisierten Operationen als Vollzüge der Handlungen, werden bei der perzeptiv-begrifflichen Regulation die Handlungen selbst vorbereitet. Dies geschieht durch bewusstseinsfähige, jedoch nicht immer bewusstseinspflichtige Vorgänge in Form von regulierenden Abbildern (operative Abbildsysteme (OAS) vgl. S. 38ff.). Auf dieser Ebene werden die Prozesse bewusst durch perzeptive Erkenntnisprozesse und Gedächtnisprozesse durch bspw. Wahrnehmung oder explizites Wissen geführt. (Hacker 1978; Hacker 1986; Hacker 2005)

Die höchste Ebene der Handlungsvorbereitung bildet die intellektuelle Ebene. Auf dieser Ebene werden Handlungen und Tätigkeiten durch Analyse und Synthese vorbereitet. Ergebnis der intellektuellen Regulation stellen komplexe begriffliche Abbildsysteme dar. Diese Vorgänge finden nicht nur bewusst statt, sie sind bewusstseinspflichtig. Bei wiederholt ausgeführten Arbeitstätigkeiten kann die Handlungsvorbereitung durch den Abruf komplexer erlernter und im Gedächtnis gespeicherter Arbeitsstrategien stattfinden, die durch Wahrnehmung von Signalen ausgelöst wird. Ebenso ist es möglich, dass bei einer wissensbasierten Handlungsvorbereitung ein automatisierter Abruf eines Handlungsablaufs als implizites und prozedurales Wissen stattfindet. Dieser Abruf wird durch nicht bewusste Rezeptionen ausgelöst, wobei die antriebsregulatorische Vornahme jedoch bewusst bleibt. (Hacker 1978; Hacker 2005)

Im Gegensatz zu dem 3-Ebenen-Modell von Hacker weist das Modell von Oesterreich fünf Ebenen der Handlungsregulation auf. Eine Gegenüberstellung der Ebenen ist in Tabelle 2.2 dargestellt.

Die unterste Ebene des Modells von Oesterreich stellt die Ebene der Handlungsausführung dar, auf der die Ausführung der einzelnen Handlungen reguliert wird. Diese Ebene entspricht der sensumotorischen Ebene von Hacker. Oesterreich betont, dass auf der Ebene der Handlungsausführung die materiellen Grundlagen, die Umwelt sowie die Präzision der Handlungsausführung als sich gegenseitig bedingende Faktoren die Höhe der Wirkwahrscheinlichkeit der Handlung beeinflussen. Die Bewegungsabfolge, aus denen die Handlungen bestehen, sind dabei automatisierte Einzelbewegungen, die zwar bewusst gelernt und ausgelöst werden, jedoch „unterhalb der Bewusstseinsschwelle" verlaufen. (Oesterreich 1981)

Tabelle 2.2: Ebenen der Handlungsregulation nach Hacker und Oesterreich (eigene Darstellung nach Hacker 1978; Hacker 1986; Hacker 2005; Oesterreich 1981)

Ebenen nach Hacker	Ebenen nach Oesterreich
Sensumotorische Regulation	Handlungsausführung
Perzeptiv-begriffliche Regulation	---
Intellektuelle Regulation	Handlungsplanung
	Zielplanung
	Bereichsplanung
	Erschließungsplanung

Im Gegensatz zu Hacker betrachtet Oesterreich die perzeptiv-begriffliche Regulationsebene nicht als eigene Ebene, sondern erklärt, dass die dort von Hacker beschriebenen Prozesse auf allen fünf von Oesterreich definierten Regulationsebenen Anwendung finden (Oesterreich 1981). Die von Oesterreich weiterhin (über der Handlungsausführung) definierten Ebenen sind bei Einordnung in die Definition nach Hacker der intellektuellen Regulationsebene zugeordnet. Die Spezifizierung der obersten Ebene ist auf die Kritik an Hackers Modell der mangelnden Differenzierung dieser Ebene zurückzuführen (Bamberg et al. 2012).

Die der Handlungsausführung übergeordnete Ebene ist die Ebene der Handlungsplanung. Auf dieser Ebene werden verschiedene Handlungsprogramme (Aktionsprogramme) entworfen und antizipatorisch erprobt. Durch Rückmeldung der Handlungsausführungsebene an die Handlungsplanungsebene erfolgt der Vergleich mit dem gesetzten Ziel der Handlung sowie ggf. eine Anpassung des Handlungsprogramms. Bei oft erprobten und fast immer erfolgreichen Handlungsprogrammen wird die Ebene der Handlungsplanung übersprungen (vorausgesetzt, die Umweltbedingungen sind gleichbleibend). (Oesterreich 1981)

Auf der Ebene der Zielplanung wird die langfristige Abfolge der Ziele entworfen, welche dann auf der Ebene der Handlungsplanung um Handlungsprogramme zur Erreichung der Ziele ergänzt wird. Da die Erstellung einer kompletten Abfolge von Handlungsprogrammen unrealistisch ist, erfolgt die Zielplanung in Teilzielen, wobei weitere Teilziele die Ergebnisse der vorherigen Handlungen einbeziehen. (Oesterreich 1981)

Da die Zielplanung zumeist nicht nur für einen Handlungsbereich vorgenommen wird, sondern für mehrere Handlungsbereiche parallel, definiert Oesterreich oberhalb der Ebene der Zielplanung die Ebene der Bereichsplanung. Auf dieser übergeordneten Ebene wird festgelegt, in welchem Handlungsbereich agiert werden soll. Dabei achtet die handelnde Person darauf, dass die einzelnen Aktionsprogramme sich nicht gegenseitig gefährden. Zielplanungen verschiedener Handlungsbereiche müssen beachtet und ggf. korrigiert werden. (Oesterreich 1981)

Als oberste Ebene der Handlungsregulation definiert Oesterreich die Ebene der Erschließungsplanung. Auf dieser Ebene werden neue Handlungsfelder, in denen bisher noch nicht gehandelt wurde und in denen keine Erfahrung besteht, erschlossen. (Oesterreich 1981)

Bei der Handlungsregulation werden die Handlungsziele jeweils von einer höheren zur nächst tieferen Ebene übergeben sowie Rückmeldungen und Anfragen der unteren Ebenen an die nächst höhere Ebene zurück gegeben (Oesterreich 1981).

Welche Regulationsstrukturen erforderlich sind, „wird entscheidend durch die Arbeitsaufgabe selbst bestimmt". Durch die Arbeitsaufgabe werden die zu erfüllenden Funktionen, der Handlungsspielraum sowie die tatsächliche Verantwortung des Mitarbeiters festgelegt. (Enderlein 1984)

Die Generierung der Aktionsprogramme und Ziele sowie der Prozess der Rückmeldung bzw. Rückkopplung des Resultats innerhalb der hierarchisch-sequentiellen Organisation des Handelns unterliegen dabei komplexen Strukturen, die im Folgenden näher betrachtet werden.

Lenkung der Handlungen durch Operative Abbildsysteme

Die Generierung der beschriebenen Ziele und Aktionsprogramme erfolgt über sogenannte „Operative Abbildsysteme" (OAS). „In der Handlungsregulation nehmen die OAS die Funktion der tätigkeitsleitenden Elemente - von der Zielbildung bis zur Generierung der einzelnen Aktionsprogramme - ein" (Walliser 1999 nach Resch 1988). Ohne diese relativ stabilen, invarianten Abbildungen der Ziele und der dazugehörigen Aktionsprogramme sowie teilweise auch der zu berücksichtigenden Bedingungen ist eine zielgerichtete Regulation von Tätigkeiten nicht möglich (Hacker 2005 nach Ashby & Conant 1970; Bernstein 1967; Anochin 1967).

In Zusammenhang mit der tätigkeitsleitenden Funktion weisen OAS folgende charakterisierende Merkmale auf (vgl. bspw. Hacker 1992; Hacker 2005; Hacker 1978):

1. OAS sind anforderungsabhängig. Dies bedeutet, dass OAS in der Weise gebildet werden, dass sie die Sachverhalte zur Bewältigung der Tätigkeit abbilden und Bedeutung für die Tätigkeitsregulation besitzen. OAS sind daher selektiv. Dies kann zu einer Verzerrung der regulationsbedeutenden Sachverhalte führen. (Hacker 1992; Hacker 2005)

2. OAS tragen eine schematische Struktur und werden in Klassen von Merkmalen und Relationen repräsentiert. „Schemata ermöglichen ein rationelles, weil auf generativ wirksame Prototypen konzentriertes und durch dominantes Detail ergänztes Behalten von Informationen". (Hacker 2005 nach Engelkamp 1997)

3. OAS sind aufwandsbezogen. Die Abbilder werden derart gebildet, dass diese zu Strategien führen, die das Erreichen der Anforderungen mit möglichst geringem Aufwand ermöglichen. (Hacker 1978 und Hacker 2005 nach Schindler 1975)

4. OAS werden so kodiert gespeichert, dass der Rekodierungsaufwand zwischen den zu regulierenden Tätigkeiten und dem gespeicherten Wissen gering ist. Dabei können Gedächtnisrepräsentationen mehrfach kodiert sein, also in verschiedener Weise und Detailliertheit vorhanden sein. (Hacker 1978; Hacker 1992; Hacker 2005)

5. OAS wirken auf die Regulation der Tätigkeiten durch die Bildung von auf Vorwegnahmen und Erwartungen basierenden Hypothesen. Durch Erfahrungen entstehen Erwartungen aus extrapolierten Regeln über den hypothetischen Ablauf eines Prozesses oder bspw. den Zustand eines Betriebsmittels. Hacker betont, dass die Angemessenheit der Hypothesen von zentraler Bedeutung für die Durchführung vieler Produktionstätigkeiten ist. (Hacker 1978; Hacker 1992; Hacker 2005)

Bezogen auf Arbeitsprozesse stellen die Ziele, die Ausführungsbedingungen und die Transformationsmaßnahmen verschiedene Bestandteile der operativen Abbildsysteme dar. Ziele und Teilziele sind als Antizipationen über den zu erreichenden Sollzustand in den OAS verankert. Über die vorherrschenden Ausführungsbedingungen wie Materialeigenschaften, Prozesseigenschaften, etc. liegen Repräsentationen innerhalb der OAS vor. Um den Soll-Zustand unter den gegebenen Ausführungsbedingungen zu erreichen, bedarf es einer Transformationsmaßnahme, die in Form von Vorwegnahmen und Hypothesen sowie in Form von „erinnertem Wissen" einen weiteren Bestandteil der OAS darstellt. Hinsichtlich der Inhalte der Systeme operativer Abbilder sind somit sowohl die tätigkeitserzeugenden Bestandteile wie Ziele, Hypothesen und Maßnahmenfolgen als auch die Wahrnehmung und Vorstellung gegenwärtiger Sachverhalte wirksam. Dabei beschränken sich die OAS nicht auf die Abbildung des statischen Zustands, sondern schließen durch Hypothesen und Vorwegnahmen in die Zukunft greifende Aspekte in die Regulation ein. (Hacker 1978; Hacker 2005)

Je angemessener und differenzierter die operativen Abbilder vorliegen, desto effektiver können die durchgeführten Tätigkeiten sein. Spitzenkönner zeichnen sich durch effektive und differenzierte OAS aus. Die bessere Leistung basiert auf Wissen um die tätigkeitsleitenden Sachverhalte wie Ausführungsbedingungen und Ziele sowie auf effizienten Programmen und Plänen über Transformationsmaßnahmen. (Hacker 1992)

Der Aufbau und die Verbesserung der operativen Abbilder der Mitarbeiter bietet somit die Möglichkeit, die Effektivität der Arbeitstätigkeiten zu erhöhen. Vor allem bei Tätigkeiten, die selten ausgeführt werden, ist der Aufbau von operativen Abbildsystemen durch geeignete Qualifizierungsmaßnahmen erforderlich, da OAS nicht dauerhaft stabil sind und daher entweder nach längerer Nichtnutzung wieder vergessen werden oder nur ungenügend ausgebildet werden. Als Maßnahmen zum Auf- und Ausbau von operativen Abbildsystemen eignet sich die OAS-Aufbau begünstigende Gestaltung des Bedienbereiches oder die Entwicklung speziell auf die zu lernenden OAS abgezielten Qualifizierungsmaßnahmen. (Hacker 2005)

Hinsichtlich der Qualifizierungsmaßnahmen differenzieren Stadler et al. die Möglichkeit zur Bildung von OAS durch Training-on-the-Job, d.h. durch Ausführen der Handlungen selbst und die symbolisch vermittelte Aneignung. Bei der symbolisch vermittelten Aneignung werden die benötigten Informationen vermittelt, ohne dass die zu lernende Handlung selbst ausgeführt wird. (Stadler et al. 1975) Eine Kombination der beiden Maßnahmen ist durchaus möglich und zielführend.

„Abbilder bzw. Systeme operativer Abbilder regulieren nicht von sich aus Handlungen, sondern es bilden sich dazu spezielle Funktionseinheiten" (Hacker 1978), die im Folgenden näher erläutert werden.

Hierarchisch regulative Funktionseinheiten („VVR-Einheiten")

Die die (Arbeits-)Tätigkeit regulierende wirksame Funktionseinheit ist ein „Vorwegnahme-Rückkopplungs-Kreis" (Hacker 1978 und Hacker 2005 nach von Helmholtz 1856; von Holst, Mittelstaedt 1950; Miller et al. 1960; Anochin 1967, Bernstein 1975; Leontjew 1979). Hacker definiert als regulative Funktionseinheiten die VVR-Einheiten (Vergleich-Veränderung-Rückkopplung) und baut mit diesem Modell auf dem TOTE-Modell (Test-Operate-Test-Exit) von Miller, Galanter und Pribram (vgl. Miller et al. 1960) auf.

Das TOTE-Modell basiert auf einem kybernetischen Ansatz und wurde von Miller et al. als Stellungnahme gegen die behavioristische Vorstellung, dass Verhalten allein durch Reiz-Reaktions-Kopplungen (vgl. Watson 1913) erklärt werden kann, entwickelt (Mulder 2007). Grundlage des TOTE-Modells ist die Annahme, dass Handlungen darauf basieren, bestimmte Ziele zu erreichen. In einem ersten Schritt wird die Ist-Situation mit dem

Ziel verglichen (Test). Anschließend erfolgt eine Handlung, die die Umwelt verändert (Operate) sowie ein Vergleich der neuen Ist-Situation mit dem angestrebten Ziel (Test). Wurde das gewünschte Resultat nicht erreicht, erfolgt eine Anpassung der Handlung, eine erneute Operation sowie ein erneuter Vergleich mit dem Ziel. Durch den Vergleich des Handlungsresultats mit dem Ziel erfolgt eine ständige Rückkopplung zwischen der veränderten Umwelt und dem gesetzten Ziel. Der Prozess der Handlung sowie des Vergleichs des Ist- mit dem Zielzustand wiederholt sich so lange, bis das Ziel erreicht wurde (Exit). Die einzelnen Rückkopplungskreise (TOTE-Einheiten) weisen dabei eine hierarchische Struktur auf, in der die Einheiten ineinander verschachtelt sind, d.h. TOTE-Einheiten in andere TOTE-Einheiten integriert sind (Nerdinger et al. 2011 und Mulder 2007 nach Miller et al. 1960).

Für die Beschreibung der Rückkopplungsprozesse in der hierarchisch sequentiellen Struktur der Theorie der Handlungsregulation baut Hacker auf Basis des TOTE-Modells das Modell der VVR-Einheiten auf. Im Vergleich zum TOTE-Modell bezieht Hacker die folgenden weiterführenden Überlegungen und Modifikationen in das Modell mit ein. Im Gegensatz zum TOTE-Modell ist das VVR-Modell kein nach außen geschlossener Kreisprozess, sondern ist offen für Führungsaufgaben und Umweltrückkopplungen (z.B. Ergebnis- oder Prozessrückkopplungen). Des Weiteren erfolgt der Einbezug des operativen Abbildsystems als Teil der Vergleichskomponente, die das Tätigkeitsresultat mit dem Ziel abgleicht, sowie ggf. erforderliche weitere Ziele bzw. Teilziele erstellt. Weiterhin betrachtet Hacker, dass durch das „Verändern" Ergebnisse in der Umwelt gewandelt werden, die rückwirkend auf den psychischen Regulationsvorgang wirken. Zusätzlich präzisiert Hacker das Schema hinsichtlich der Rückkopplung entsprechend der neurophysiologischen Vorgänge, die in diesem Zusammenhang nicht näher betrachtet werden, im funktionellen System von Anochin (vgl. Anochin 1967). (Hacker 1978; Hacker 2005)

Hinsichtlich der Struktur weisen die Vornahme-, Veränderungs- und Rückkopplungseinheiten (VVR-Einheiten) dieselbe charakteristische innere Struktur von verschachtelten (Sub-) Systemen hierarchischer Einheiten wie die TOTE-Einheiten auf (Hacker 1978; Hacker 2005). Eine schematische Darstellung der hierarchischen Struktur der VVR-Einheiten kann Abbildung 2.8 entnommen werden

Der Vergleich innerhalb der VVR-Einheit erfolgt sowohl mit dem Ziel als auch mit dem Aktionsprogramm zur Erreichung dieses Ziels, also mit Bestandteilen des Operativen Abbilds. Das Ziel als Vornahme bzw. Vorsatz lenkt somit das Handeln, wirkt als Triebkraft des Handelns und dient als Vergleichsmuster für die Handlungskontrolle. (Hacker 1978)

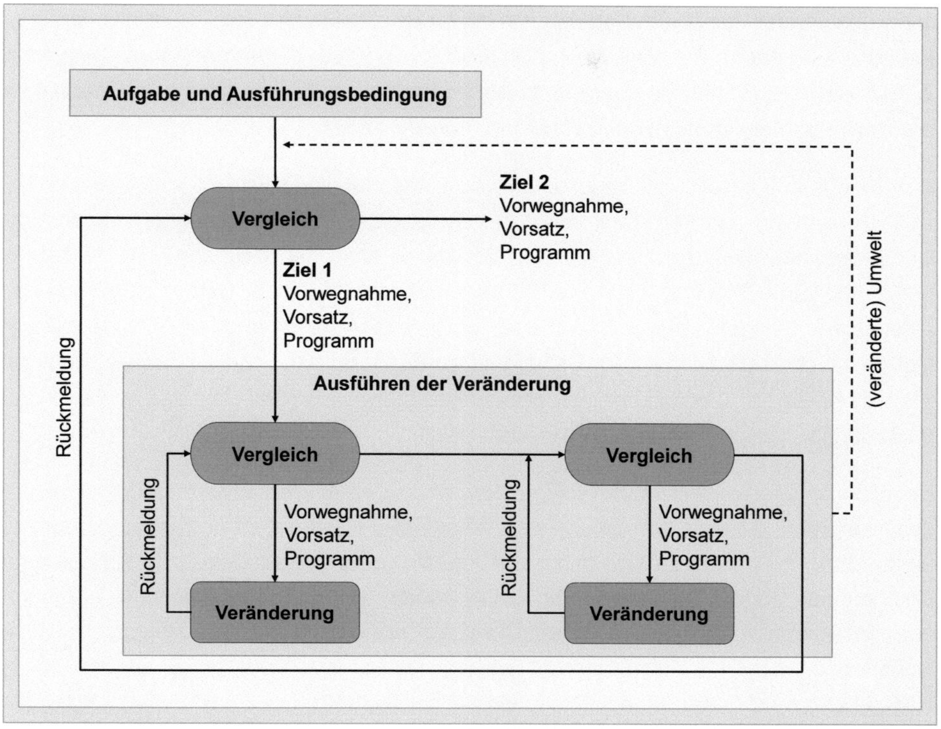

Abbildung 2.8: Schematische Darstellung der regulativen Funktionseinheit (VVR-Einheit) (nach Hacker 1978; Hacker 2005 modifiziert nach Miller et al. 1960)

ZBM-Einheiten

Die VVR-Einheiten beschreiben den prozessualen Ablauf der psychischen Regulation von Tätigkeiten. Wird der Fokus auf die inhaltlichen Komponenten (was wird vorgenommen, und wodurch wird etwas verändert) gelegt, bietet sich die Bezeichnung ZBM-Einheit (Ziel-Bedingung-Maßnahme) für die gleiche Regulationseinheit an (Hacker 2005). Ein gespeichertes Ziel (die Vornahme) soll mittels geeigneter Maßnahmen (Veränderung und Rückkopplung) unter den gegebenen Bedingungen erreicht werden, wobei das Ziel die Maßnahmen bestimmt (Hacker 2005 nach Anderson 1993).

In dem hierarchisch verschachtelten Prinzip der Regulationseinheiten können die Maßnahmen einer ZBM-Einheit wiederum Ziele von nächst niederen ZBM-Einheiten sein oder auf der untersten Regulationsebene, die nur noch Bedingungs-Maßnahmen-Kopplungen aufweist, als motorische oder kognitive Operationen vorliegen (Hacker 1992; Hacker 2009). Somit kann eine Regulationseinheit innerhalb der hierarchischen Struktur gleichzeitig eine dreifache Rolle annehmen. Sie kann als selbstständige Funktionseinheit mit Ziel, Aktionsprogramm und kontrollierendem Rückkopplungsvergleich vorliegen. Weiterhin kann die Regulationseinheit als Bestandteil und Teilziel einer oder mehrerer übergeordneter Einheiten existieren und ggf. als deren Maßnahme fungieren. Zuletzt kann die Einheit als übergeordnete, umfassendere Einheit mit einem Oberziel für die von ihr abhängigen Einheiten vorliegen. (Hacker 2005)

Wie bereits in Kapitel 2.3.5 beschrieben, liegt das Handlungswissen in der erläuterten ZBM-Struktur vor (Hacker 1992; 2005). Ausschlaggebend für die Handlungswirksamkeit ist hierbei nach Deubzer und Hoffmann der Bezug zum Ziel (Deubzer 2003; Hoffmann 1993). Die ZBM-Einheiten im Sinne der Verknüpfung von Zielen, Bedingungen und den eigenen Handlungen, die zur Erreichung der Ziele erforderlich sind, sind im Gedächtnis fest gespeichert (Hacker 2009). Dabei sind zu umfassenderen Zielen zumeist mehrere ZBM-Einheiten im Gedächtnis gespeichert, die in Abhängigkeit von den vorliegenden Bedingungen ausgewählt werden (Hacker 1992).

Bei dialogisch-interaktiven Arbeitstätigkeiten, wie sie beim subjektivierenden Arbeitshandeln vorliegen, ist eine Vorplanung der Tätigkeiten, Handlungen und Operationen nur eingeschränkt möglich, da sich durch das interaktive Vorgehen Ziele bzw. Teilziele und Bedingungen ändern (können). Vielmehr überwiegt ein spontaner Abruf der erforderlichen Maßnahmen, ausgehend von der Situation, wobei zum einen situationsspezifische Routinen unerlässlich sind und zum anderen teilweise erlernte, aber nichtbewusste Komponenten der Tätigkeiten wirksam sind (Hacker 2009). Die Struktur und Organisation des Handlungswissens in der ZBM-Struktur einer Person beeinflusst somit deren Orientierungsprozesse und Erwartungen und damit ihr Verhalten (Hacker 2005). Eine detailliert ausgebildete Struktur des Handlungswissens in Form von Wissen um Sachverhalte, Vorgehensweisen, Ziele und deren effektive Verknüpfung übt somit direkten Einfluss auf die Effizienz der Arbeitstätigkeiten aus.

Bei der Entwicklung einer Methode zur Hebung und Übertragung des Erfahrungswissens ist somit eine Methode zu generieren, die die Hebung und Übertragung des Handlungswissens bzw. der ZBM-Strukturen erfahrener Mitarbeiter ermöglicht.

Wissenspsychologisches Leerstellenkonzept

Welches Wissen für bestimmte Tätigkeiten, Handlungen oder Operationen handlungsleitend ist und für die erfolgreiche Durchführung benötigt wird, kann anhand des wissenspsychologischen Leerstellenkonzepts nach Hacker ermittelt werden.

Hacker betont, dass für die effektive Bewältigung von Arbeitsaufgaben das Wissen der Kette um Ziele, Signale und Ursachen (also Bedingungen) und Maßnahmen ausschlaggebend ist (Hacker 1992). Im Einzelnen handelt es sich hierbei um ein Netzwerk von Wissensteilgebieten, die sich aus den tätigkeitsleitenden Sachverhalten ableiten lassen.

Vergröbert kann dieses Wissen in Bedingungswissen (Wenn) und Maßnahmenwissen (Dann) eingeteilt werden. Dieses setzt sich zusammen aus dem Zielwissen, d.h. dem Wissen um den Sollzustand des Arbeitsgegenstandes, dem Signalwissen als Wissen um Signale, die bestimmte Handlungen auslösen, sowie um Ursachenwissen im Sinne von Wissen um die Gründe der Ausgangssituation.

Weiterer Bestandteil des Netzwerkes ist das Maßnahmenwissen zur Erreichung des Sollzustandes. Dieses sollte vorzugsweise auf der Handlungsebene dargestellt werden. Das Maßnahmenwissen kann unterteilt werden in Wissen um obligatorische und fakultative Maßnahmen, wobei die fakultativen Maßnahmen reaktiv oder prophylaktisch sein können. Neben den bisher genannten Wissensarten beinhaltet das Netzwerk Objekt- und Prozesswissen als Wissen um die Vorbedingungen und Kriterien, die sich auf die Maßnahmen auswirken, Mittelwissen im Sinne von Wissen, mit welchen gegenständlichen Mitteln und Partnern das Ziel erreicht werden kann, sowie Wissen um die Folgen und den Nutzen der Maßnahmen. (Hacker 2005; Hacker 1992; Hacker 2009)

Das beschriebene Netzwerk aus Wissensteilgebieten umfasst das Handlungswissen zur erfolgreichen Bewältigung der Aufgabe. Das Handlungswissen liegt hierbei in Form von prozeduralen Wissenskomponenten vor, die in deklarative Wissenteile eingebettet sind. Dabei können durch Routinebildung Teile dieses Wissens in implizites Wissen übergehen. (Hacker 2009)

Jedes dieser Wissensteilgebiete kann als Leerstelle betrachtet werden, die mit Wissen gefüllt sein muss, um erfolgreich zu handeln. Dabei können die Leerstellen mit gespeichertem Wissen oder mit Erzeugnisprozeduren zur Erstellung des erforderlichen Wissens besetzt sein. Die Prozeduren zur Erzeugung können dabei heuristisch oder Regelverfahren sein, wobei die heuristische Vorgehensweise für Spitzenkönner bei Diagnosen oder entwerfenden Teilaufgaben charakteristisch ist (Hacker 1992 nach Lenat 1983).

Durch die Beantwortung der Fragen „warum, woraufhin, zu welchem Zweck, unter welchen Bedingungen, was, wie, wann, wo, wozu, womit und mit wem" können die tätigkeitsregulierenden Sachverhalte und somit das erforderliche Wissen für die erfolgreiche Durchführung einer Handlung ermittelt werden (Hacker 1992; 2005; 2009). Der Zusammenhang zwischen tätigkeitsregulierenden Sachverhalten, erforderlichen Wissensteilgebieten und den dazugehörigen W-Fragen ist in Abbildung 2.9 schematisch dargestellt.

Die verschiedenen Leerstellen des Handlungswissens können zur Durchführung der Handlungen vollständig oder auch nur teilweise gefüllt sein. Dies führt zu zwei verschiedenen Vorgehensweisen, die sich durch die Art der Wissensbasis unterscheiden. Hinsichtlich der Vorgehensweisen können das situativ-momentane Vorgehen, welches auf einer Minimalwissensstruktur als Wissensbasis beruht und das situationsübergreifende strategische Vorgehen, welches auf einer Optimalwissensstruktur beruht, unterschieden werden. Die verschiedenen Vorgehensweisen und Wissensbasen unterscheiden sich hierbei nicht in der Güte oder dem Wissensumfang, sondern durch die verschiedenen Inhalte, die sich in den drei Dimensionen „Zeitbezug", „Regulationsbezug" und „Kausalität" unterscheiden.

Das situativ-momentane Vorgehen konzentriert sich auf die momentan zu verrichtenden Vorgänge, wobei die Handlungen reaktiv auf das Erfassen von Bedingungen und Signale erfolgen. Das situationsübergreifende strategische Vorgehen hingegen, welches auch als planendes Vorgehen bezeichnet wird, erledigt zwar ebenfalls gegenwärtige Vorgänge, leitet jedoch aus den aktuellen sowie bereits vergangenen Vorfällen auch Entwicklungen ab und verfolgt künftige Fernziele. Der Tätigkeitsablauf erfolgt aktiv und ist durch prophylaktische und zusätzliche Handlungen gekennzeichnet. Bei dieser Art des Vorgehens werden nicht ausschließlich die Signale bzw. Bedingungen erfasst, sondern eine Ursachenanalyse durchgeführt, Voranzeichen anbahnender unerwünschter Zustände sowie Vorgehensalternativen und Folgen ermittelt. (Hacker 1992; 2005; 2009)

Erfahrene Mitarbeiter zeichnen sich durch ein situationsübergreifendes strategisches Vorgehen aus, welches auf einer Optimalwissensstruktur beruht. Zur Übertragung dieses Wissens bedarf es einer Methode, die das handlungsregulierende Wissen der einzelnen Leerstellen heben und transferieren kann.

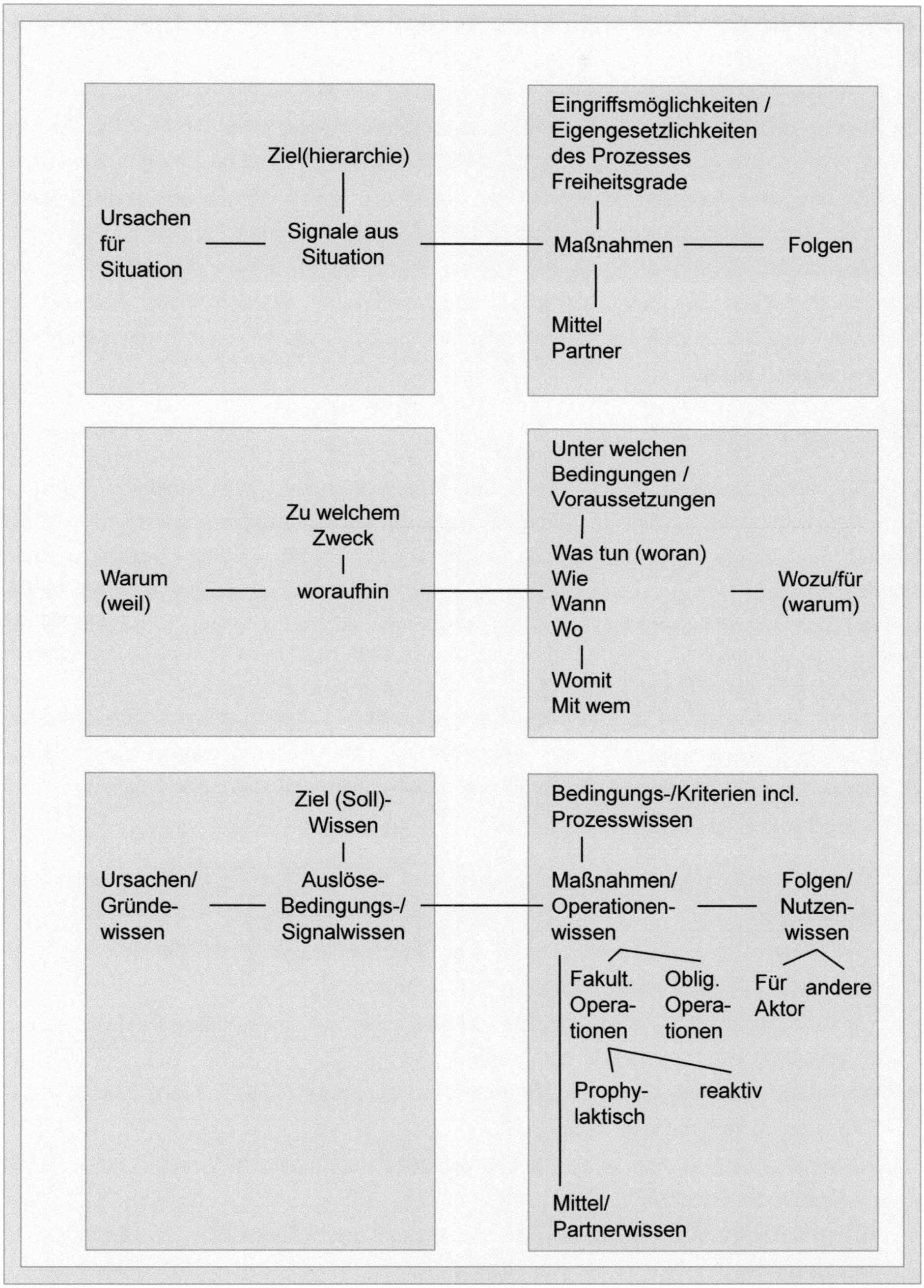

Abbildung 2.9: Leerstellen-Schema (nach Hacker 1992; Hacker 2005; Hacker 2008; Hacker 2009) oben: tätigkeitsregulierende Sachverhalte; mitte: „W"-Fragen; unten: Wissensinhaltsarten

2.5 Modelle des Wissensmanagements und Methoden zum Wissenstransfer

Im Bereich des Wissensmanagements sind, seitdem in den 90er Jahren erstmals von „Wissen als strategischer Ressource“ gesprochen wurde, zahlreiche Modelle zur Veranschaulichung der Wissensübertragung, der Generierung von Wissen und dem Management der Ressource Wissen veröffentlicht worden. Im Folgenden sollen zunächst das Bausteinmodell von Probst, Raub und Romhardt und das Modell der Wissensspirale von Nonaka und Takeuchi näher betrachtet und beschrieben werden sowie ausgewählte Methoden und Tools zum Wissenstransfer auf deren Anwendbarkeit in der Einzelfertigung analysiert werden.

2.5.1 Das Bausteinmodell

Das Bausteinmodell nach Probst, Raub und Romhardt umfasst acht Bausteine, die mögliche Interventionsfelder des Wissensmanagements im Unternehmen darstellen. Hierbei werden die „operativen Probleme, die im Umgang mit der Ressource Wissen auftreten können" in sechs Kernprozesse gebündelt, sowie diese um zwei weitere, einen „orientierenden und koordinierenden Rahmen" schaffende Bausteine ergänzt. (Probst et al. 2012)

Die sechs Kernprozesse des Wissensmanagements resultieren aus der Systematisierung von in Unternehmen mit Führungskräften verschiedenster Branchen identifizierten Problemstellungen aus dem Bereich Wissen sowie deren Bündelung in folgenden Bausteinen (Probst et al. 2012):

- Wissensidentifikation: Schaffung interner und externer Transparenz des vorhandenen Wissens
- Wissenserwerb: Erwerb von Wissen aus unternehmensexternen Quellen wie Kunden, Lieferanten etc. oder Rekrutierung von Experten
- Wissensentwicklung: Aufbau neuer Produkte, Ideen und Fähigkeiten (und somit neuen Wissens) innerhalb des Unternehmens
- Wissens(ver)teilung: Sinnvolle Verteilung vorhandenen Wissens und vorhandener Erfahrungen im Unternehmen
- Wissensnutzung: Sicherstellung der Anwendung vorhandenen Wissens (bspw. durch Lizenzen oder Patente)
- Wissensbewahrung: Schutz vor Wissensverlust durch Selektion, Speicherung und Aktualisierung

Wie in Abbildung 2.10 systematisch dargestellt, stehen die Bausteine in unmittelbarer Verbindung zueinander. Maßnahmen innerhalb einzelner Kernprozesse haben Auswirkungen auf andere Bausteine zur Folge. Bei einer Optimierung einzelner Bausteine sollten daher immer die Auswirkungen auf die anderen Bausteine beachtet werden.

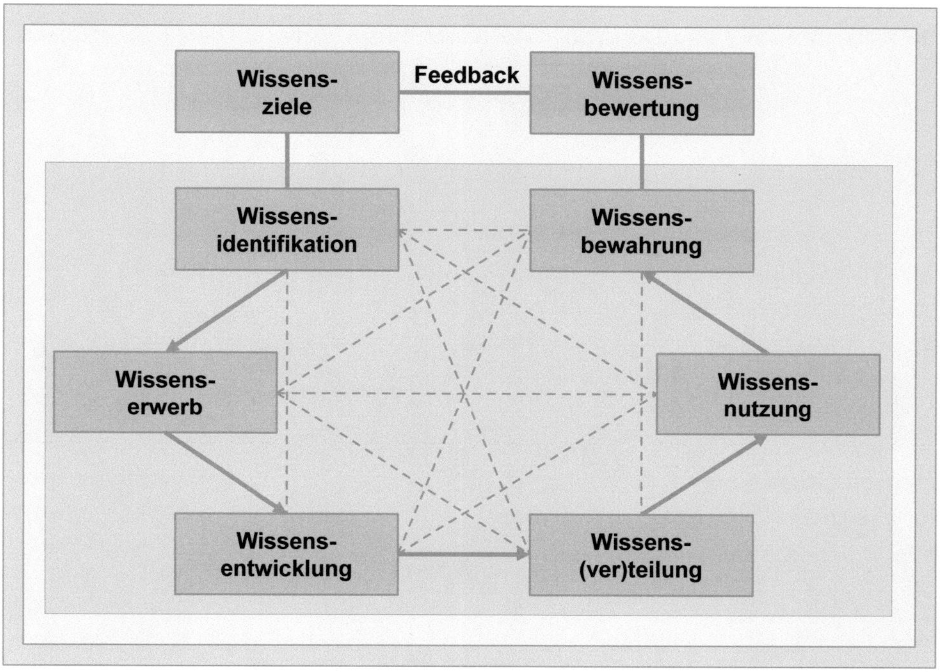

Abbildung 2.10: Baustein Modell (Probst et al. 2012)

Durch die Ergänzung der Bausteine „Wissensziele" und „Wissensbewertung" wird das Konzept zu einem Managementregelkreis ausgebaut. Hierbei werden innerhalb des Bausteins „Wissensziele" die konkreten operativen und strategischen Wissensziele für die Organisation definiert. Der Baustein „Wissensbewertung" beschreibt die Messung und Kontrolle der Erreichung der gesetzten Ziele. (Probst et al 2012)

2.5.2 Modell der Wissensspirale

Das Modell der Wissensspirale von Nonaka und Takeuchi stellt die Wissensschaffung und -weitergabe in Unternehmen durch das Zusammenwirken und die Umwandlung von „implizitem“ und „explizitem Wissen“ dar.

Hierbei werden vier Formen der Wissensumwandlung unterschieden: die Sozialisation, die Externalisierung, die Kombination sowie die Internalisierung (vgl. Abbildung 2.11).

Die Sozialisation beschreibt den „Erfahrungsaustausch, aus dem implizites Wissen wie etwa gemeinsame mentale Modelle oder technische Fertigkeiten entstehen" (Nonaka,

Takeuchi 1995). Dieser Austausch kann auch ohne Sprache durch Beobachtung, Nachahmung und Praxis erfolgen. Der Grundstein für den Erwerb impliziten Wissens bildet dabei die (gemeinsame) Erfahrung, die ein Hineinversetzen in den Anderen ermöglichen. (Nonaka Takeuchi 1995). Der Wissensaustausch erfolgt hierbei auf persönlicher Ebene.

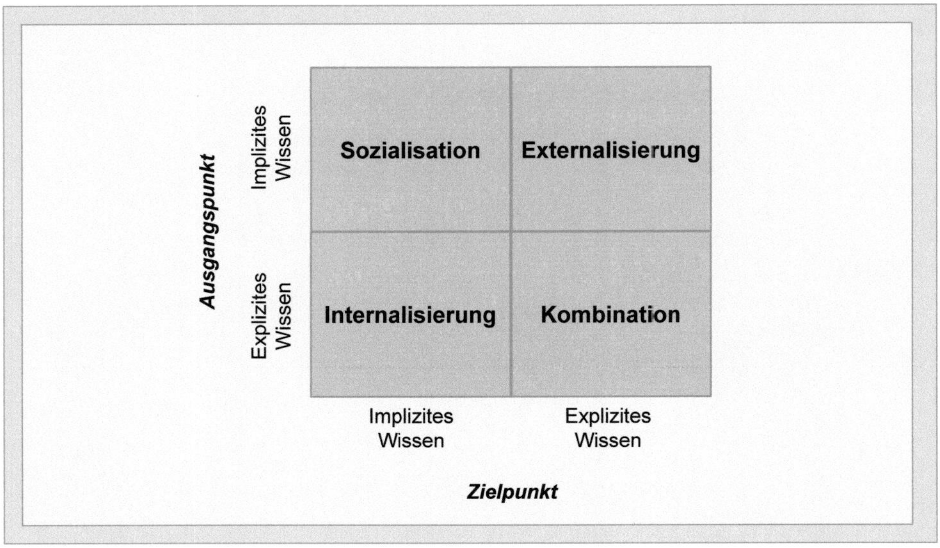

Abbildung 2.11: Formen der Wissensumwandlung (nach Nonaka, Takeuchi 1995)

Bei der Externalisierung wird das implizite Wissen durch Modelle, Hypothesen, Analogien oder Metaphern in explizites Wissen umgewandelt. Da diese bildhaften Ausdrücke jedoch teilweise unlogisch oder unvollständig erscheinen, werden Interaktion und Reflexion gefördert. Die Externalisierung wird durch „Dialog oder kollektive Reflexion gefördert". (Nonaka, Takeuchi 1995)

Die Kombination beschreibt den Prozess der Verbindung verschiedener Bereiche expliziten Wissens. Dabei erfolgen der Austausch sowie die Kombination des Wissens durch die Nutzung verschiedenster Kommunikationsmedien und -wege. Durch Sortieren, Kombinieren, Klassifizieren oder Hinzufügen kann neues Wissen entstehen. (Nonaka, Takeuchi 1995)

Bei der Internalisierung wird das durch die drei anderen Stufen erreichte explizite Wissen in implizites Wissen umgewandelt. Diese Wandlung erfolgt ähnlich dem „learning by doing", indem durch Anwendung und Erfahrung mentale Modelle gebildet und verinnerlicht werden. (Nonaka, Takeuchi 1995)

Jeder Schritt dieser Wissensumwandlung schafft verschiedene Wissensinhalte. Bei der Sozialisation wird „sympathetisches" Wissen erschaffen, wie gemeinsame mentale Modelle oder technische Fertigkeiten. Die Externalisierung führt zu „konzeptionellem" Wissen und die Kombination zu „systematischem" Wissen wie Technologien. Die Internalisierung wiederum schafft „operatives" Wissen. Innerhalb der Wissensspirale (vgl. Abbildung 2.12) wirken diese zusammen. Den Ausgangspunkt der Spirale bildet das implizite Wissen des Individuums, welches mobilisiert werden muss, um die verschiedenen Umwandlungen zu durchlaufen. (Nonaka, Takeuchi 1995)

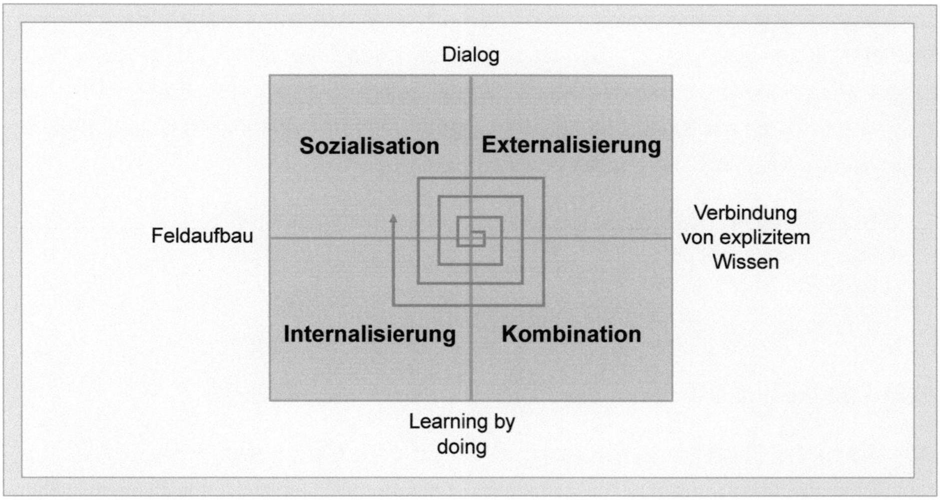

Abbildung 2.12: Die Wissensspirale (nach Nonaka, Takeuchi 1995)

In einem Unternehmen wird das individuelle Wissen des Einzelnen durch die einzelnen Formen der Umwandlung verstärkt und „dringt so in höhere ontologische Schichten vor" (Nonaka, Takeuchi 1995). „Diesen Vorgang bezeichnen wir als Wissensspirale, in der die Interaktion von implizitem und explizitem Wissen auf dem Weg durch die ontologischen Schichten immer reicher wird." (Nonaka, Takeuchi 1995)

2.5.3 Ansätze zum Wissenstransfer

Sowohl der fokussierte Baustein „Wissens(ver)teilung" des Bausteinmodells von Probst et al. als auch die von Nonaka und Takeuchi beschriebene Umwandlung des Wissens erläutern einen konzeptionellen Rahmen, erfordern jedoch Methoden und Werkzeuge zum Wissenstransfer zu deren operativer Umsetzung. Unter Wissenstransfer wird „die gezielte Übertragung von Wissen zwischen Personen, von denen der Absender einen Teil seines Wissens kommuniziert oder kodifiziert und der Empfänger das Wissen teilweise oder vollständig absorbiert" (Hullmann 2001), verstanden. Wissenstransfer beschreibt somit „eine gezielte Übertragung von Wissen von einem Sender zu einem Empfänger" (Thiel 2002).

In Literatur und Praxis werden verschiedene Ansätze und Methoden des Wissenstransfers beschrieben bzw. eingesetzt. Eine gezielte Auswahl dieser Ansätze und Methoden wird im Folgenden erläutert und hinsichtlich ihrer Anwendbarkeit zum Transfer von Spezial- und Erfahrungswissen erfahrener Mitarbeiter in der Einzelfertigung beleuchtet. Der Fokus wird hierbei auf Methoden gelegt, die im Rahmen eines Anlernverfahrens unerfahrener Mitarbeiter zum Einsatz kommen. Auf die eingehende Beleuchtung von üblichen Verfahren, wie gruppenbezogene Verfahren (bspw. Wissenswerkstätten) oder narrative Verfahren (bspw. Storytelling), bei denen der Fokus auf Formulierung und Kommunikation der Wissensinhalte durch den Wissensträger gelegt wird, wird aufgrund der Fokussierung auf die expliziten Wissensinhalte bewusst verzichtet. Folgende Ansätze und Methoden sollen näher betrachtet werden:

- Beobachtung und Befragung beim klassischen Beistellverfahren
- Beobachtungsinterview
- 4-Stufen-Methode nach REFA
- Aufgabenbezogener Informationsaustausch

Beobachtung und Befragung beim klassischen Beistellverfahren

Das klassische Beistellverfahren (auch als Tandem-Verfahren bekannt) ist wohl das bekannteste Verfahren, um einen Mitarbeiter für bestimmte Aufgaben anzulernen. Vorwiegend bekannt ist dieses Verfahren bei der Einarbeitung von Auszubildenden. Beim Beistellverfahren wird der anzulernende Mitarbeiter einem erfahrenen Mitarbeiter bei der täglichen Arbeit zur Seite gestellt.

Das Lernen und die Wissensübertragung erfolgen hierbei vorwiegend durch Beobachten und Erleben der Handlungen des erfahrenen Mitarbeiters. Durch Beobachtung kann der tatsächliche Arbeitsablauf erfasst werden (Beantwortung der Fragen Was tun? Wie? Woraufhin? Wann? Wie lange? Mit wem? Womit? Mit welchem Ergebnis? im Leerstellenkonzept). Verborgen bleibt bei alleiniger Anwendung des Beobachtens jedoch das implizite Wissen des erfahrenen Mitarbeiters über Ziele, Gründe, Pläne, Fakten und Regeln, da dieses durch reine Beobachtung nicht erschließbar ist (Hacker 2008).

Die Beobachtungen der Handlungen können durch Befragungen des erfahrenen Mitarbeiters durch den Anzulernenden ergänzt werden. Mittels Befragung können nicht beobachtbare Informationen wie aussagbare Ziele, Regeln, Fakten und Gründe erfasst werden (Hacker 2008). Jedoch ist auch die alleinige Befragung eines erfahrenen Mitarbeiters nicht ausreichend, da routinierte Prozeduren und nicht aussagbares Wissen verborgen bleiben und nicht alles Ausgesagte tatsächlich die Tätigkeit reguliert (vgl. Hacker 1995). Zur Erfassung möglichst vieler Informationen ist eine Kombination von Beobachtung und Befragung erforderlich. Durch die Befragung können Sachverhalte erschlossen werden, die nicht beobachtet werden können. Andererseits können durch Beobachtung Handlungen realisiert werden, die der Befragte nicht ausdrücken kann.

Das klassische Beistellverfahren bietet einen guten Ansatz zur Übertragung des Wissens des erfahrenen Mitarbeiters auf den Anzulernenden, da durch Beobachtung, Erleben, und Befragung bereits viele Leerstellen der ausgeführten Handlung erschlossen werden können. Dies erfordert jedoch eine grundlegende Systematik, anhand derer die relevanten Informationen erfragt bzw. beobachtet werden können. Beobachtung und Befragung des Anzulernenden sowie Erklärungen des erfahrenen Mitarbeiters erfolgen beim klassischen Beistellverfahren jedoch vorwiegend intuitiv und situativ, so dass wichtige Informationen verborgen bleiben.

Beobachtungsinterview

Wie bereits beschrieben eignen sich weder das alleinige Beobachten noch die reine Befragung ausreichend zur Vermittlung impliziten Wissens. Eine Methode, die diese beiden Verfahren vereint, ist das Beobachtungsinterview. Beim Beobachtungsinterview „beobachtet der Verfahrensanwender den Beschäftigten bei der Ausübung seiner Tätigkeit ...und stellt währenddessen gezielte ...Fragen..." (Nerdinger et al. 2011). Haupteinsatzgebiet dieser Methode ist die arbeitspsychologische Arbeitsanalyse (Nerdinger et al. 2011, Kuhlmann 2009). Hierbei stehen weniger die Tätigkeiten als das Verständnis der Arbeitsprozesse sowie der Handlungsstrukturen von Arbeitstätigkeiten im Vordergrund (Kuhlmann 2009 nach Oesterreich, Volpert 1987).

Die Durchführung eines Beobachtungsinterviews bedeutet einen hohen Zeitaufwand und erfordert ein hohes Maß an Erfahrung und Expertise sowie die klare Abgrenzung der Erkenntnisabsichten im Vorhinein (Kuhlmann 2009), da diese Methode kein standardisiertes Vorgehen bzgl. Beobachtungsschwerpunkten und Befragungsinhalten vorgibt. Die Durchführung sollte daher durch geschulte und erfahrene Beobachter vorgenommen werden (Wäfler et al. 1999; Kuhlmann 2009).

Die Kombination aus Beobachtung und Befragung in Form eines Beobachtungsinterviews bietet einen guten Ansatz zur Entwicklung einer Methode zur Übertragung des Spezial- und Erfahrungswissens. Hierbei sollte jedoch eine Übertragung der „Aufgabe" des Beobachtens und Befragens an den anzulernenden Mitarbeiter erfolgen. Da dieser in der Regel keine arbeitspsychologischen Kenntnisse besitzt, bedarf es einer angeleiteten und standardisierten Methode, mit der der anzulernende Mitarbeiter konfrontiert wird.

4-Stufen-Methode nach REFA

Bei der 4-Stufen-Methode nach REFA (Verband für Arbeitsgestaltung, Betriebsorganisation und Unternehmensentwicklung) handelt es sich um eine systematische Art der Arbeitsunterweisung, die geeignet ist, „wenn es darum geht, im gewerblichen oder kaufmännischen Bereich Mitarbeiter zu befähigen, eine bestimmte Arbeitsaufgabe richtig und sicher auszuführen" (REFA 1996).

Die Unterweisung erfolgt in 4 Stufen:

Stufe 1 - Vorbereitung:
Der Lernende wird unter anderem durch Kontaktaufnahme, Nennung der Lernziele, Feststellung der Vorkenntnisse, Motivation und Ermöglichung der ungehinderten Wahrnehmung auf die Aufgabe vorbereitet.

Stufe 2 - Vorführung:
Die Arbeitsaufgabe wird dem Lernenden vorgeführt und der Arbeitsablauf erklärt. Hierbei werden verschiedene Vorführungsarten unterschieden, die hinsichtlich der Detaillierung der Erklärungen differieren. Die Erklärungen umfassen hierbei die Schlüsselinformationen, was, wie und warum etwas geschieht sowie ggf. weitere wichtige Informationen. Die Häufigkeit der Vorführung ist hierbei abhängig von der Komplexität der Aufgabe.

Stufe 3 - Ausführung
Der Lernende führt die Arbeitsaufgabe selber durch. Die Durchführung erfolgt mehrfach und wird durch Erläuterungen (Was?, Wie? und Warum?) des Lernenden über die Ausführung der Aufgabe ergänzt.

Stufe 4 - Abschluss
In der letzten Stufe übt der Lernende die Durchführung der Arbeitsaufgabe bis zur Selbstständigkeit. (REFA 1996)

Die Unterweisung wird durch einen Unterweisungsplan unterstützt. Hierbei erfolgt eine Gliederung der Arbeitsvorgänge in die „wesentlichen Einzelhandlungen" sowie deren Beschreibung hinsichtlich der folgenden drei Fragen (REFA 1996):

1. Was? (Teil-Lernziele → Was geschieht)
2. Wie? (Bewegungsablauf → Wie geschieht etwas)
3. Warum so? (Begründung → Warum geschieht es so)

Der Einsatz der 4-Stufen-Unterweisung nach REFA eignet sich vor allem für kurzzyklische und wiederkehrende Arbeitsaufgaben. In der Einzelfertigung überwiegen jedoch langzyklische Prozesse, deren Wiederholhäufigkeit gering ist bzw. eine Wiederholung erst nach längerem Zeitraum möglich ist. Ein Erlernen der Arbeitsaufgaben durch Nachahmung und kontinuierliche Wiederholung kann somit nicht ermöglicht werden.

REFA beschreibt als eine der Voraussetzungen zur Nutzung der Methode, dass die Arbeit in allen Teilen definiert sein muss. Dies ist in den meisten Arbeitsschritten innerhalb der Einzelfertigung nicht gegeben. Durch kundenspezifische Varianten und somit fehlende Standardisierung werden die Arbeitsaufgaben innerhalb der Einzelfertigung oft nicht in dem für diese Methode erforderlichen Detaillierungsgrad vorgegeben (vgl. Kapitel 2.1), so dass die Ausführung der Arbeitsaufgabe abhängig vom Mitarbeiter, dessen Wissen, Kenntnissen und Erfahrungen ist. Der alleinige Einsatz der 4-Stufen-Methode nach REFA ist somit zur Hebung und zum Transfer von Erfahrungswissen innerhalb der Einzelfertigung nicht geeignet.

Durch Erläuterung und systematische Aufschreibung dessen, was, wie und warum innerhalb der Arbeitshandlung geschieht, bietet diese Methode jedoch einen Ansatz zur Füllung relevanter Leerstellen. Dieser Ansatz sollte bei der weiterführenden Erarbeitung einer Methode zur Hebung und zum Transfer von Erfahrungswissen beachtet und erweitert werden.

Aufgabenbezogener Informationsaustausch

„Der Aufgabenbezogene Informationsaustausch (AI) ist eine komplexe Methode zur kooperativen Analyse und Optimierung von Arbeitsprozessen und Produkten beim lernenden Problemlösen" (Wetzstein et al. 2004). Diese Methode wurde zu Beginn der 80er Jahre von Neubert und Tomczyk entwickelt (Neubert, Tomczyk 1981 und 1986) und bietet und realisiert die Verfahrensaspekte Wissenserfassung, Wissensaustausch und Wissensintegration (Hacker et al. 2010).

Der Aufgabenbezogene Informationsaustausch findet in kleinen Gruppen von ca. sechs bis neun Personen statt, deren Zusammensetzung sowohl vertikal als auch horizontal heterogen gestaltet ist. Dies bedeutet, dass Mitarbeiter aus unterschiedlichen hierarchischen Ebenen sowie aus verschiedenen Bereichen bzw. mit unterschiedlichem Erfahrungshorizont einbezogen sind. Der Informationsaustausch wird dabei durch einen neutralen Moderator (zumeist extern) geleitet. (Wetzstein et al. 2004)

In einem Unternehmen sind Wissen und Informationen aufgrund differierender Aufgaben, Erfahrungen, Qualifikation etc. breit verteilt, so dass jeder Mitarbeiter über unterschiedliches Wissen und Informationen verfügt. Ziel des Aufgabenbezogenen Informationsaustauschs ist es, das Wissen und die Informationen für eine bestimmte Aufgabenausführung bzw. Problemlösung zu ermitteln, zu vermitteln und zusammenzuführen (vgl. Abbildung 2.13). (Rambau, Mansch 2011)

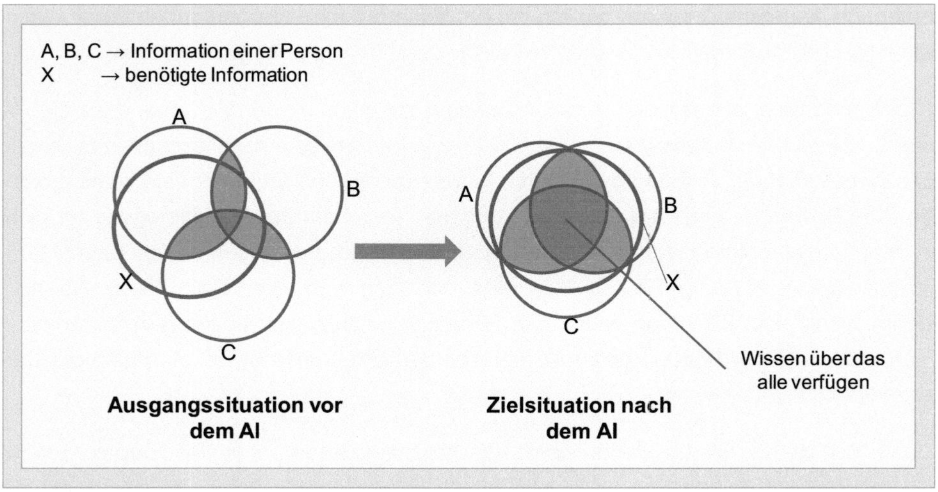

Abbildung 2.13: Aufgabenrelevevante Informationen, Informationen einer Person und Informationen mehrerer Personen - Veränderung der Beziehungen durch den AI (nach Rambau, Mansch 2011)

Der prinzipielle Ablauf eines aufgabenorientierten Informationsaustauschs lässt sich durch sieben aufeinanderfolgende Schritte beschreiben, wobei die einzelnen Schritte deutlich voneinander getrennt erarbeitet werden sollten (Wetzstein 2007):

1. Problemdefinition
2. Fixierung von Zielen und Teilzielen
3. Informationssammlung
4. Informationsbewertung
5. Ableitung von Lösungsalternativen
6. Bewertung der Alternativen und Auswahl von Lösungsentscheidungen
7. Einführung von Lösungen

Durch die vielfältige Einsetzbarkeit und die Fokussierung auf die Zusammenführung von Informationen und Wissen verschiedener Personen im Unternehmen sollte die Integration des aufgabenorientierten Informationsaustausches bei der Methodenentwicklung im weiteren Vorgehen näher fokussiert, überprüft und ggf. integriert werden.

3 Abgrenzung des Untersuchungsbereichs

Das Erfordernis und der Umfang von Erfahrungswissen sowie die Möglichkeit zu dessen Aufbau ist nicht an jedem Arbeitsplatz in gleicher Weise gegeben, da die Entstehung von Erfahrungswissen von den Anforderungen der Tätigkeiten abhängig ist. Um die Bereiche, die das meiste Erfahrungswissen erwarten lassen zu definieren, soll eine Priorisierungszahl entwickelt werden, anhand derer eine Abgrenzung erfolgt.
Hierzu werden im Folgenden die Einflussgrößen für die Entstehung und den Ausbau von Erfahrungswissen definiert und Kriterien für die Abgrenzung entwickelt. Anschließend wird die Dampfturbinenfertigung beschrieben, sowie, ausgehend von Prozessaufnahmen, die Untersuchungsbereiche innerhalb der Dampfturbinenfertigung abgegrenzt.

3.1 Definition der Einflussgrößen

Der Aufbau und Ausbau von Erfahrungswissen ist von verschiedenen, aus den Prozesseigenschaften resultierenden Einflussfaktoren abhängig. Für die Entwicklung der Priorisierungszahl zur Abgrenzung des Untersuchungsbereichs werden deshalb Einflussgrößen definiert, die für den Aufbau und Ausbau von Erfahrungswissen erforderlich sind oder diesen begünstigen.

Wie bereits in Kapitel 2.3.6 beschrieben, basiert das Erfahrungswissen auf Wissen über Ziele, Bedingungen und Maßnahmen, welches aufgrund „empirischer Erkenntnisprozesse im eigenen praktisch-gegenständlichen Handeln" erlangt wurde (Hacker 2009). Dieses Wissen liegt in Form von Operativen Abbildsystemen (vgl. Kapitel 2.4.3) vor, die die Funktion der tätigkeitsleitenden Elemente besitzen. Zu den fünf charakteristischen Merkmalen der tätigkeitsregulierenden Funktion der OAS gehören u.a. die Anforderungsabhängigkeit und die Bewältigungsorientierung (vgl. bspw. Hacker 1992; Hacker 2005; Hacker 1978). Dies bedeutet, dass nur solche OAS gebildet werden, die für die Tätigkeitsregulation von Bedeutung sind (Walliser 1999). Ist die Regulation der Tätigkeit nicht erforderlich, werden demnach keine OAS gebildet und somit das Erfahrungswissen weder auf- noch ausgebaut. Die Beeinflussbarkeit des Prozesses stellt somit eine entscheidende Einflussgröße für die Abgrenzung des Untersuchungsbereichs dar.

Weiterhin entsteht „Erfahrungswissen ... vornehmlich im Prozess der Ausführung derjenigen Tätigkeiten, für deren erfolgreiche Bewältigung es benötigt wird. Dabei sind eine ausreichende Dauer der Tätigkeitsausführung und eine, zumindest anfänglich, sachkundige Begleitung durch bereits erfahrene Personen von entscheidender Bedeutung". (Plath 2002) Die Erfordernis der Vorbildung bspw. in Form einer Ausbildung in Verbindung mit der Dauer der Einarbeitung stellen somit eine weitere wichtige Einflussgröße für den Auf- und Ausbau von Erfahrungswissen dar. Während der Ausbildung und Einarbeitung werden bereits Aktionsprogramme zu den gegebenen Zielen unter den vorliegenden Ausführungsprogrammen erlernt und entwickelt und somit OAS gebildet, auf die während der Durchführung der Produktionstätigkeiten zurückgegriffen wird. Durch diese OAS können die Handlungen reguliert werden indem Hypothesen aufgrund von extrapolierten, in Ausbildung und Einarbeitung gebildeten, Regeln über den hypothetischen Ablauf des Prozesses gebildet werden.

Eine Untersuchung der Vorgehensmerkmale von Drehern bei Ausführung ihrer Arbeit von Hacker und Vaic hat gezeigt, dass sich Spitzenkönner dadurch auszeichnen, dass sie mehr Zeit mit bspw. Planung, Zeichnung lesen, Probeläufen u.ä. verbringen als „Durchschnittsarbeiter“ (Hacker, Vaic 1973 in Hacker 1992). Die zielgerichtete Regulation der Handlung wird hierbei durch „vorausschauendes Erwarten bzw. Herbeiführen" (Hacker 2005), also durch die Planung des Prozesses, verwirklicht. Die Möglichkeit bzw. das Erfordernis der Planung des Prozesses stellt somit eine weitere Einflussgröße dar.

Weiterhin ist Erfahrungswissen insbesondere dann erforderlich, wenn schnelle Reaktionen bei Prozessstörungen und selten auftretenden Ereignissen erforderlich sind oder das Erfordernis zur Früherkennung von Vorzeichen eines sich anbahnenden Ereignisses gegeben ist (Plath 1999). Schnelle Reaktionen auf unvorhergesehene Situationen erfordern ein umfangreiches Wissen über die auftretenden Signale, Auswirkungen, Gründe und deren Bewältigung.

Da Erfahrungswissen „vornehmlich im Prozess der Ausführung derjenigen Tätigkeiten, für deren erfolgreiche Bewältigung es benötigt wird" entsteht (Plath 2002), ist anzunehmen, dass bei steigendem Tätigkeits- und Produktvariantenumfang der Umfang des Erfahrungswissens mit der Varianz der auszuführenden Prozesse steigt.

Es ergeben sich somit die prozessbezogenen Einflussgrößen

- Beeinflussbarkeit des Prozesses
- Vorbildung/Einarbeitung
- Erfordernis des schnellen Eingreifens/unmittelbaren Handelns
- Möglichkeit zur Planung

sowie die arbeitsplatzbezogene Einflussgröße

- Varianz/Umfang des Arbeitsplatzes

3.2 Entwicklung von Kriterien für die Abgrenzung des Untersuchungsbereichs

Für die Abgrenzung des Untersuchungsbereichs soll mittels der ermittelten Einflussgrößen eine Priorisierungszahl entwickelt werden, anhand derer die Arbeitsbereiche definiert werden können, die das meiste Erfahrungswissen erwarten lassen. Diese Priorisierungszahl wird im Folgenden als Erfahrungserwartungskennzahl (EEK) bezeichnet. Hierzu werden zunächst die Ausprägungen der einzelnen in Kapitel 3.1 ermittelten Einflussgrößen definiert (vgl. Tabelle 3.1).

Tabelle 3.1: Ausprägungen der Einflussgrößen zur Abgrenzung des Untersuchungsbereichs

Prozessabhängig								**Arbeitsplatzbezogen**	
Beeinflussbarkeit des Prozesses (B_x)		**Vorbildung/ Einarbeitung (V_x)**		**Schneller Eingriff/ unmittelbares Handeln (E_x)**		**Planungsmöglichkeit/ Planungsaufwand (P_x)**		**Arbeitsplatzumfang/ Varianz (U_y)**	
Prozess ist beeinflussbar		Prozess erfordert...		Prozess erfordert schnelle Reaktionen und unmittelbares Eingreifen zur Vermeidung von weitreichenden Konsequenzen		Prozess erfordert Planung und Vorbereitung/ bietet Möglichkeit, Prozesse zu planen		Umfang des Arbeitsplatzes hinsichtlich Varianz der Werkstücke und der unterschiedlichen Prozesse ist...	
Nein	0	Einweisung/ Einarbeitung	1	Wenige/ keine der Handlungen (unter 20%)	1	In geringem Maße	1	Gering	1
Ja	1	Abgeschl. Ausbildung u. Einarbeitung	2	Einige der Handlungen (ab 20%)	3	Ab und zu	2	Teilweise gegeben	2
		Abgeschl. Ausbildung u. mehrj. Einarbeitung	3	(fast) alle Handlungen (ab 80%)	5	Häufig/ immer	4	Hoch	4

Die Einflussgrößen

- Beeinflussbarkeit des Prozesses (B_x)
- Vorbildung/Einarbeitung (V_x)
- Erfordernis des schnellen Eingreifens/unmittelbaren Handelns (E_x) und
- Möglichkeit zur Planung (P_x)

beziehen sich dabei auf den Prozess x *mit x = 1,,n*

sowie die Einflussgröße

- Varianz/Umfang des Arbeitsplatzes (U_y)

auf den Arbeitsplatz y.

Die Ausprägung der Einflussgröße „Beeinflussbarkeit des Prozesses" (B_x) dient bei der weiteren Ermittlung der EEK als Differenzierungskriterium zur weiteren Berechnung. Ist der betrachtete Prozess x nicht beeinflussbar (B_x = 0), entfällt die weitere Betrachtung des Prozesses, da der Auf- und Ausbau von Erfahrungswissen bei nicht beeinflussbaren Prozessen nicht oder nur in sehr geringem Maße erforderlich ist. Ist hingegen eine Beeinflussbarkeit des Prozesses gegeben (B_x = 1), wird die EEK ermittelt.

Zur weiteren Entwicklung der EEK werden die Korrelationen zwischen den weiteren prozessbezogenen Einflussgrößen (V_x, E_x und P_x) betrachtet:

Besitzt der Mitarbeiter eine hohe Vorbildung und besteht nicht das Erfordernis, in bestimmten Situationen unmittelbar zu handeln, sind ein schneller Abruf des Erfahrungswissens und somit intuitive Handlungen nicht erforderlich. Muss der Mitarbeiter hingegen oft schnell eingreifen, besitzt aber eine geringere Vorbildung werden neue OAS gebildet und somit auch Erfahrungswissen aufgebaut. Erfordert der Prozess oftmals schnelle und intuitive Handlungen sowie eine hohe Vorbildung, wird das bereits vorhandene Wissen sowie die vorhandenen OAS intuitiv abgerufen sowie kontinuierlich erweitert. Die Einflussgrößen V_x und E_x stehen somit in Wechselwirkung zueinander.

Ebenso verhält es sich mit den Einflussgrößen „Vorbildung/Einarbeitung" (V_x) und „Möglichkeit zur Planung" (P_x). Enthält der Prozess die Möglichkeit bzw. das Erfordernis der Planung und Vorbereitung, liegt jedoch eine geringe Vorbildung vor, werden neue OAS gebildet und Erfahrungswissen aufgebaut. Ist die Vorbildung hingegen hoch, wird bei Planung und Vorbereitung auf vorhandenes Wissen zurückgegriffen und OAS sowie Erfahrungswissen weiter auf- bzw. ausgebaut. Diese Einflussgrößen verstärken sich somit gegenseitig.

Die Einflussgrößen „Erfordernis des schnellen Eingreifens/unmittelbaren Handelns“ (E_x) und „Möglichkeit zur Planung“ (P_x) hingegen korrelieren nicht miteinander. Sind schnelle Eingriffe erforderlich, ist dies zumeist während der Durchführung des Prozesses der Fall. Die Planung hingegen erfolgt vor der Durchführung des eigentlichen Prozesses. Sind sowohl Planung als auch schnelle Eingriffe erforderlich, steigt zwar die Wahrscheinlichkeit, dass Erfahrungswissen vorliegt bzw. ausgebaut wird, liegt jedoch einer der beiden Faktoren nur in geringer Ausprägung vor, übt dies keinen Einfluss auf den anderen Faktor aus.

Unter Einbezug der beschriebenen Korrelationen der Einflussgrößen ergibt sich somit für die Berechnung der Erfahrungserwartungskennzahl für einen bestimmten Prozess x:

$$\boldsymbol{EEK_x = B_x \cdot V_x \cdot (E_x + P_x)}$$

Formel 3.1

Die Abgrenzung des Untersuchungsbereichs soll sich jedoch nicht auf einzelne Prozesse, sondern auf Arbeitsplätze beziehen. Daher wird im Weiteren die EEK für Arbeitsplatz y entwickelt.

An einem Arbeitsplatz werden verschiedene Prozesse ($x_1,...,x_n$) durchgeführt, bei denen die Ausprägungen von B_x, V_x, E_x und P_x zwischen den einzelnen Prozessen variieren. Deshalb wird für die EEK des Arbeitsplatzes y der gemittelte Wert der Einflussgrößen (in Abhängigkeit der durchschnittlichen Gesamtbearbeitungsdauer für einen bestimmten Prozess sowie der Häufigkeit der Durchführung des Prozesses) berechnet sowie die Einflussgröße „Varianz/Umfang des Arbeitsplatzes“ (U_y) innerhalb eines Arbeitsplatzes einbezogen.

Da das Produktspektrum innerhalb der Einzelfertigung sehr variantenreich ist, unterschiedliche Prozesse erfordert und die Bearbeitungszeiten der einzelnen Prozesse zwischen den Varianten differieren, werden zur weiteren Berechnung Produktcluster ($c_1,...,c_m$) gebildet, die ähnliche Varianten mit vergleichbaren Bearbeitungszeiten und Prozessen beinhalten.

Die durchschnittliche Gesamtbearbeitungszeit (D_{xy}) für Prozess x an Arbeitsplatz y für alle Produkte innerhalb der relevanten Produktcluster ($c_1,...,c_m$) für einen gewählten Zeitraum ergibt sich zu:

$$\boldsymbol{D_{xy} = \sum_{c=c_1}^{c_m} \left(d_{xyc} \cdot M_c\right)}$$

Formel 3.2

mit:

d_{xyc}: Durchschnittliche Bearbeitungszeit des Prozesses x an Arbeitsplatz y für Produktcluster c_1 bis c_m

M_c: Anzahl der zu fertigenden Produkte des Clustertyps c_1 bis c_m innerhalb des gewählten Zeitraumes laut Fertigungsplan

Daraus ergibt sich für die gewichtete Erfahrungserwartungskennzahl (EEK_{Gy}) über alle Prozesse x an Arbeitsplatz y:

$$\boldsymbol{EEK_{Gy}} = \frac{\sum_{x=1}^{n}(\boldsymbol{EEK_{xy}} \cdot \boldsymbol{D_{xy}})}{\sum_{x=1}^{n}\boldsymbol{D_{xy}}}$$

Formel 3.3

mit:

EEK_{xy}: Erfahrungserwartungskennzahl für den Prozess x an Arbeitsplatz y

Unter Einbezug der Varianz U am Arbeitsplatz y ergibt sich für die Berechnung der EEK an Arbeitsplatz y (EEK_y):

$$\boldsymbol{EEK_y} = \boldsymbol{U_y} \cdot \boldsymbol{EEK_{Gy}}$$

Formel 3.4

Die Erfahrungserwartungskennzahl ermöglicht die Abgrenzung von Arbeitsplätzen, an denen in Abhängigkeit der ermittelten Einflussgrößen sowie des erwarteten Produktspektrums innerhalb des gewählten Zeitraums ein hohes Potenzial an Erfahrungswissen zu erwarten ist.

Da in der Einzelfertigung die Verteilung der zu fertigenden Clustertypen im Laufe der Zeit variiert sowie der Fertigungsplan durch Serviceaufträge, verschobene Projekte etc. kontinuierlichen Veränderungen unterliegt, wäre die Untersuchung der Berechnung einer dynamischen EEK sinnvoll. Eine automatisierte Ermittlung der Erfahrungserwartungskennzahl je Arbeitsplatz durch Verknüpfung mit den aktuellen Fertigungsaufträgen würde somit eine aktuelle Übersicht der Arbeitsplätze, die unter den gegebenen Aufträgen die höchste Ausprägung der EEK erwarten lassen, liefern. Diese Untersuchung sollte in einer weiterführenden Arbeit Anwendung finden.

3.3 Abgrenzung des Untersuchungsbereichs innerhalb der Dampfturbinenfertigung

Die Entwicklung und Anwendung einer Methode zur Übertragung des Spezial- und Erfahrungswissens soll innerhalb der Dampfturbinenfertigung der Siemens AG am Standort Mülheim an der Ruhr stattfinden und geeignete Arbeitsplätze mittels der entwickelten Erfahrungserwartungskennzahl abgegrenzt werden. Hierzu erfolgen zunächst die Vorstellung und grobe Abgrenzung der einzelnen Fertigungsbereiche sowie anschließend eine detaillierte Abgrenzung zur Untersuchung geeigneter Arbeitsplätze.

3.3.1 Vorstellung der Dampfturbinenfertigung und Grobabgrenzung des Untersuchungsbereichs

In der Dampfturbinenfertigung der Siemens AG am Standort Mülheim an der Ruhr werden Dampfturbinen für den Einsatz in Dampfkraftwerken oder kombinierten Gas- und Dampfkraftwerken nach Kundenwunsch gefertigt und modernisiert sowie Servicereparaturen durchgeführt.

Die Fertigungsbereiche differenzieren sich hierbei in Rotorfertigung, Gehäusefertigung Innengehäuse (IG), Gehäusefertigung Außengehäuse (AG), Schaufelfertigung, Einbauteilfertigung, Ventilfertigung und Endmontage (vgl. Abbildung 3.1).

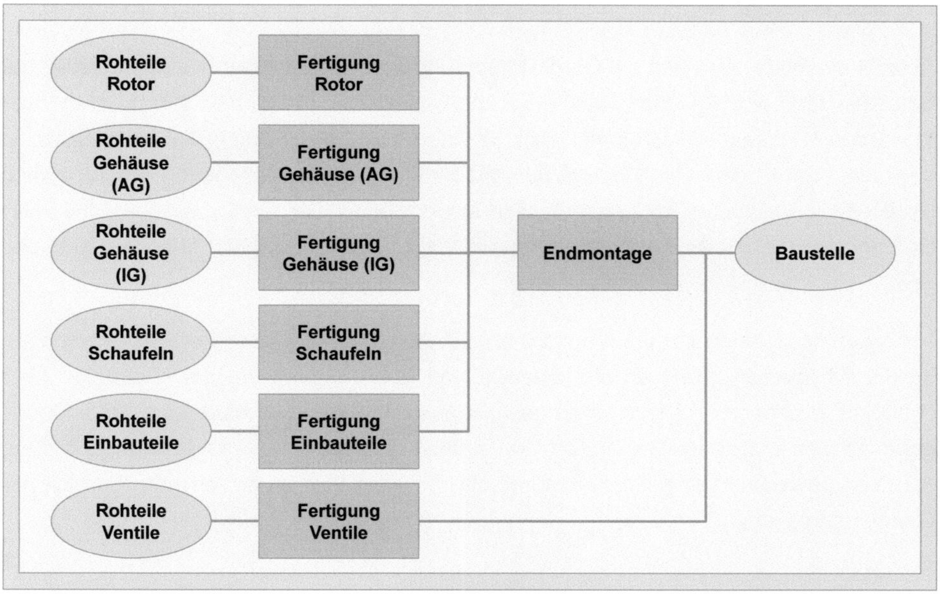

Abbildung 3.1: Fertigungsbereiche der Dampfturbinenfertigung

Eine Übersicht ausgewählter typologischer Merkmalsausprägungen (nach Schomburg, vgl. Kapitel 2.1) sowie weiterer Fertigungscharakteristika der einzelnen Fertigungsbereiche kann Tabelle 3.2 entnommen werden. Die Ausprägungen der einzelnen Merkmale beziehen sich hierbei auf die einzelnen Fertigungsbereiche, die autark voneinander betrachtet werden, nicht auf die Gesamtheit der Dampfturbinenfertigung.

In der Rotorfertigung werden die variantenreichen geschmiedeten Rotorwellen für alle Turbinentypen durch spanende Fertigungsverfahren bearbeitet. Die Bearbeitung der bis zu 12m langen und bis zu 150t schweren Wellen mit einem Durchmesser von bis zu 2m erfolgt auf Spitzendrehmaschinen zur Herstellung der komplexen Rotorkonturen sowie auf Horizontalfräsmaschinen zur Kupplungsbearbeitung und Herstellung der Tannennuten zur Laufschaufelbefestigung.

Die Gehäusefertigung findet in 2 verschiedenen Fertigungsbereichen (-hallen) statt. Im ersten Fertigungsbereich erfolgt vorwiegend die Fertigung der Innengehäuse (IG), im zweiten Bereich vorwiegend die Fertigung der Außengehäuse (AG). Die bis zu 150t schweren und 6,5m hohen gegossenen Gehäuseteile mit einem Durchmesser von bis zu 6m werden durch spanende Fertigungsverfahren an Senkrechtdrehmaschinen zur Herstellung der Innenkonturen und Nuten sowie an Waagerecht-Bohr-Fräswerken zur Bearbeitung der Teilflächen und Außenkonturen bearbeitet. Der Einbau der Leitschaufeln und Dichtbänder sowie die Montage der Gehäusehälften erfolgt an dafür vorgesehenen Handarbeitsplätzen.

Sowohl die Rotor- als auch die Gehäusefertigung weisen elementare Charakteristika der Einzelfertigung auf (vgl. auch Tabelle 3.2 und Kapitel 2.1). Die zu bearbeitenden Produkte werden kundenspezifisch konstruiert, besitzen eine hohe Komplexität und werden in der Losgröße 1 bearbeitet. Bedingt durch die kundenauftragsbezogene Produktion sind weder Produkte noch Fertigungsprozesse standardisiert. Die Großmaschinen zur Bearbeitung der Produkte sind auf die maximalen Anforderungen ausgelegt und besitzen eine hohe Flexibilität in ihrer Anwendung.

Vor allem im Bereich der Großmaschinenbedienung werden besondere Anforderungen an die Fähigkeiten sowie an das Spezial- und Erfahrungswissen der Mitarbeiter über Produkte, Prozesse und Maschinen gestellt. Sowohl die zu bearbeitenden Produkte als auch die Bedienung der Großmaschinen weisen eine hohe Komplexität auf. Abbildung 3.2 zeigt beispielhaft eine Senkrechtdrehmaschine mit Werkstück aus dem Bereich der Gehäusefertigung.

Tabelle 3.2: Typologische Merkmalsausprägungen und Fertigungscharakteristika der Fertigungsbereiche innerhalb der Dampfturbinenfertigung

Merkmal	Ausprägung für Fertigungsbereich					
	Rotor	Gehäuse	Schaufeln	Einbauteile	Ventile	Endmontage
Anzahl pro Jahr	50-70	50-70	7000-10000	30-100 (je nach Teil)	50-100	50-70
Auflagenhöhe	1	1	ca. 55	bis zu 10	1	1
Erzeugnisspektrum	Erzeugnisse nach Kundenspezifikation	Erzeugnisse nach Kundenspezifikation	Standarderzeugnisse mit Varianten	Typisierte Erzeugnisse mit kundenspezifischen Varianten	Typisierte Erzeugnisse mit kundenspezifischen Varianten	Erzeugnisse nach Kundenspezifikation
Erzeugnisstruktur	Einteilige Erzeugnisse	Mehrteilige Erzeugnisse mit einfacher Struktur	Einteilige Erzeugnisse	Mehrteilige Erzeugnisse mit komplexer Struktur	Mehrteilige Erzeugnisse mit komplexer Struktur	Mehrteilige Erzeugnisse mit einfacher Struktur
Auftragsauslösungsart	Produktion auf Bestellung mit Einzelaufträgen	Produktion auf Bestellung mit Einzelaufträgen	Produktion auf Bestellung mit Einzelaufträgen	Produktion auf Bestellung mit Einzelaufträgen	Produktion auf Bestellung mit Einzelaufträgen	Produktion auf Bestellung mit Einzelaufträgen
Dispositionsart	Disposition kundenauftragsorientiert	Disposition kundenauftragsorientiert	überwiegend programmorientiert	überwiegend programmorientiert	überwiegend kundenauftragsorientiert	überwiegend kundenauftragsorientiert
Beschaffungsart	Weitestgehender Fremdbezug	Weitestgehender Fremdbezug	Weitestgehender Fremdbezug	Fremdbezug in größerem Umfang	Fremdbezug in größerem Umfang	Fremdbezug in größerem Umfang
Fertigungsart	Einzelfertigung	Einzelfertigung	Kleinserienfertigung	Einzel-/Kleinserienfertigung	Einzel-/Kleinserienfertigung	Einzelfertigung
Fertigungsablaufart	Werkstattfertigung	Werkstatt-/Linienfertigung	Werkstattfertigung	Werkstattfertigung	Werkstattfertigung	Baustellenfertigung
Lagerfertigung	nein	nein	teilweise	teilweise	nein	nein
Durchlaufzeit	3 - 6 Monate	3 - 15 Monate	3 - 4 Monate	1 Woche - 6 Monate	5 - 12 Wochen	4 - 6 Wochen

Abbildung 3.2: Senkrechtdrehmaschine in der Gehäusefertigung

Trotz der Abmessungen der Werkstücke im Meterbereich erfordert die Bearbeitung eine Genauigkeit mit Toleranzen im Hundertstelmillimeterbereich. Bedingt durch Schichtarbeit und Individualität der Produkte, liegt eine geringe Wiederholhäufigkeit ein und derselben Tätigkeit vor. Bei seltenen Prozessen kann es vorkommen, dass zwischen der Wiederholung bestimmter Prozesse durch einen Mitarbeiter Monate oder teilweise auch Jahre liegen. Eine weitere Herausforderung stellt die Durchführung neuartiger oder unüblicher Prozesse aufgrund von Kundenspezifikationen dar. Das Wissen über Produkte und Prozesse sowie über Eigenschaften der Bearbeitungsmaschinen muss auf neuartige oder seltene Prozesse übertragen und modifiziert werden.

Die Vorgaben aus den Arbeitsplänen weisen eine geringe Detailtiefe auf und enthalten Arbeitspakete von mehreren Stunden oder Schichten. Bedingt durch die fehlende Standardisierung der Prozesse, große Arbeitsinhalte, geringe Wiederholhäufigkeit der Tätigkeiten und die geringe Detaillierung der Arbeitsaufgaben, weisen die Prozesse große Streuungen und Varianzen in der Durchführung auf. Dies führt zu geringen Lerneffekten, einer flachen Lernkurve und mehrjährigen Anlernzeiten sowie langwierigem Erfahrungsaufbau. Hinsichtlich der Abgrenzung des Untersuchungsbereichs ist das Kriterium „Vorbildung/Einarbeitung“ (V_x) dementsprechend mit der höchsten Ausprägung anzusetzen.

Weiterhin tragen die Mitarbeiter der Großmaschinenbedienung eine hohe wirtschaftliche Verantwortung. Bearbeitungsfehler führen zu kosten- und zeitintensiven Nacharbeiten oder im Falle der Notwendigkeit einer Neubeschaffung der Rohteile zu hohem wirtschaftlichem Schaden sowie monatelanger Verzögerung des Liefertermins, da die Rohteile einen hohen monetären Wert und lange Lieferzeiten aufweisen. Auch unter sicherheitsrelevanten Aspekten tragen die Mitarbeiter im Bereich der Großmaschinenbedienung eine große Verantwortung. Durch die spanende Bearbeitung der Rotoren und Gehäuse auf Drehmaschinen rotieren die Bauteile während der Bearbeitung, so dass eine professionelle Aufspannung, Lagerung sowie die frühzeitige Erkennung möglicher Abweichungen vom gewünschten Rotationsverhalten zur Vermeidung von Havarien erforderlich sind.

Zur effizienten und sicheren Durchführung der Prozesse sowie Erreichung vorgegebener Qualitätsstandards bedarf es aufgrund beschriebener Kriterien eines umfangreichen Spezial- und Erfahrungswissens. Ein hohes Maß an kognitiver Vor- und Eigenleistung zur Planung und Durchführung der Bearbeitungsschritte sowie der schnelle Eingriff in den Prozess zur Vermeidung von Schäden sind unerlässlich. Die Kriterien „Möglichkeit zur Planung“ (P_x) und „Erfordernis des schnellen Eingriffs“ (E_x) erhalten somit im Bereich der Großmaschinenbedienung ebenfalls die höchstmögliche Ausprägung.

Durch das erforderliche hohe Maß an Spezial- und Erfahrungswissen sowie die maximale Ausprägung der prozessbezogenen Kriterien zur Ermittlung der Erfahrungserwartungskennzahl werden die Rotor- und die Gehäusefertigung als Untersuchungsbereiche im weiteren Verlauf näher untersucht.

In der Schaufelfertigung wird ein Teil der Laufbeschaufelung für den Einbau in die Rotorwelle hergestellt. Diese zeichnet sich eher durch Charakteristika der Serienfertigung aus. Die Herstellung der Laufschaufeln erfolgt durch vorwiegend vollprogrammierte Bearbeitung der Rohlinge an 3&5-Achs-Fräsmaschinen in Losgrößen von ca. 55 Schaufeln. Die Kriterien „Möglichkeit zur Planung“ (P_x) und „Erfordernis des schnellen Eingriffs“ (E_x) sind in diesem Bereich vergleichsweise gering ausgeprägt. Die Einarbeitungszeit eines Mitarbeiters mit entsprechender Ausbildung weist eine Dauer von 2 bis maximal 12 Monaten auf, so dass das Kriterium „Vorbildung/Einarbeitung“ (V_x) im Vergleich zur Großmaschinenbedienung geringer ausgeprägt ist. Eine nähere Betrachtung der Schaufelfertigung als Untersuchungsbereich wird somit nicht vorgenommen

In den Fertigungsbereichen der Ventil- und Einbauteilfertigung werden die Ventilgehäuse und Ventileinbauteile gefertigt und montiert sowie weitere Einbauteile für die Turbinenendmontage bearbeitet. Die spanende Bearbeitung mittels Dreh- und Fräsprozessen erfolgt auf industrieüblichen Fertigungsmaschinen. Diese Maschinen werden durch Mitarbeiter mit entsprechender Ausbildung und unterjähriger Einarbeitung bedient. Das Kriterium „Vorbildung/ Einarbeitung“ (V_x) ist somit im Vergleich zur Großmaschinenbedienung ebenfalls geringer ausgeprägt. Auch das Kriterium „Möglichkeit zur Planung/Planungsaufwand (P_x)" ist im Vergleich zur Großmaschinenbedienung geringer ausgeprägt. Die detailliertere Betrachtung dieser Fertigungsbereiche als Untersuchungsbereiche entfällt somit ebenfalls.

In der Endmontage werden zunächst die Laufschaufeln in die bearbeitete Rotorwelle montiert sowie anschließend die Komponenten Rotor, Gehäuse und Einbauteile präzise zueinander ausgerichtet und zu transportfertigen Dampfturbinen montiert. Der Fertigungsbereich zeichnet sich durch Handarbeitsplätze aus, bei denen die „Erfordernis zum schnellen Eingriff (E_x)" sehr selten besteht. Der Großteil der Montagetätigkeiten kann von Mitarbeitern ausgeführt werden, die eine Ausbildung in diesem Bereich sowie eine im Vergleich zur Großmaschinenbedienung geringere Einarbeitungszeit erfahren haben. Weiterhin ist das Kriterium „Planungsaufwand/Möglichkeit zur Planung (P_x)" der Montageprozesse nur in der Ausprägung „ab und zu" gegeben. Die Endmontage wird dementsprechend nicht als Untersuchungsbereich favorisiert. Eine weitere Betrachtung erfolgt nicht.

Die grobe Abgrenzung der Fertigungsbereiche zeigt, dass sich vorwiegend die Bereiche zur weiteren Untersuchung eignen, die sich durch die Bearbeitung der Werkstücke an Großmaschinen auszeichnen (Rotor- und Gehäusefertigung). Auch aus Unternehmenssicht sind diese Fertigungsbereiche als Untersuchungsbereiche den anderen Fertigungsbereichen vorzuziehen, da sich die Rotor- und Gehäusefertigung durch vergleichsweise hohe Fehlerkosten bedingt durch hohe Materialkosten und lange Zeiträume zur Klärung der Vorgehensweise zur Fehlerbehandlung auszeichnen. Diese Tatsache wirkt sich wiederum negativ auf die Durchlaufzeit der Produkte und somit den festgelegten Liefertermin aus.

3.3.2 Aufnahme der Prozesse innerhalb der Rotor- und Gehäusefertigung

Zur detaillierten Abgrenzung des Untersuchungsbereiches werden zunächst die erforderlichen Prozesse zur Bearbeitung der Rotoren und Gehäuse je Bereich und Maschine ermittelt. Da sich die Dampfturbinenfertigung durch eine hohe Varianz an Turbinentypen auszeichnet, welche sich hinsichtlich der Bearbeitungsschritte teilweise massiv unterscheiden, werden zur Ermittlung der Bearbeitungsprozesse sowie der dazugehörigen Bearbeitungsmaschinen Cluster gebildet, die „typische Turbinentypen“ vertreten. Die

Clusterung erfolgt dabei nach ähnlichen bzw. gleichen Bearbeitungsschritten, -reihenfolgen und -zeiten.

Tabelle 3.3 stellt ausschnittsweise und beispielhaft die Prozessaufnahme an den vorhandenen Bearbeitungsmaschinen bzw. Handarbeitsplätzen anhand typischer Turbinenvertreter in der Gehäusefertigung dar.

Tabelle 3.3: Beispiel Prozessaufnahme

Prozess	Maschine/ Arbeitsplatz	Turbinenclustertyp Nr.									
		1	2	3	4	5	6	7	8	9	10
Drehen	Georg/MFD2/ Safop	x	x	x	x	x	x	x	x	x	x
Anreissen	Anreissplatte	x	x	x	x	x	x	x	x	x	x
Bohren	Pama	x	x	x	x	x	x	x	x	x	x
Entgraten	Pama									x	
Bohren/ Entgraten	TraBo	x	x	x	x	x	x	x	x		x

Bei der Prozessaufnahme werden alle für die Bearbeitung sämtlicher Gehäuse erforderlichen Prozesse ermittelt sowie deren Anwendung je Turbinenclustertyp (durch „x") gekennzeichnet. Eine ausführliche Prozessaufnahme der Gehäusefertigungen sowie der Rotorfertigung kann im Anhang (Tabelle 10.1 bis 10.3) eingesehen werden.

3.3.3 Detailabgrenzung innerhalb der Rotor- und Gehäusefertigung

Zur detaillierten Abgrenzung des Untersuchungsbereichs werden die ermittelten Prozesse der Rotor- und Gehäusefertigung anhand der in Kapitel 4.2 hergeleiteten Einflussfaktoren „Beeinflussbarkeit“ (B_x), „Vorbildung/Einarbeitung“ (V_x), „Erfordernis des schnellen Eingriffs“ (E_x) sowie „Planungsaufwand/Möglichkeit zur Planung“ (P_x) je Prozess ausgeprägt sowie die Erfahrungserwartungskennzahl je Prozess (EEK_x) ermittelt. Die Ausprägung der Einflussgrößen erfolgt durch Gespräche mit Teamleitern und Experten der entsprechenden Bereiche.

Ein beispielhafter Ausschnitt der Kriterienausprägungen der Bearbeitungsprozesse sowie der Ermittlung der EEK_x ist in Tabelle 3.4 abgebildet.

Die ausführliche Darstellung der Kriterienausprägungen für die Prozesse der Gehäuse- und Rotorfertigung kann im Anhang (Tabelle 10.4 bis 10.6) eingesehen werden.

Tabelle 3.4: Beispiel Ausprägung Einflussgrößen

Prozess	Maschine/ Arbeitsplatz	Ausprägung Einflussgrößen EEK				EEK_x
		B_x (0/1)	V_x (1/2/3)	E_x (1/3/5)	P_x (1/2/4)	
Drehen	Georg/MFD2/ Safop	1	3	5	4	27
Anreissen	Anreissplatte	1	3	1	4	15
Bohren	Pama	1	3	5	4	27
Entgraten	Pama	1	2	3	2	10

Da der abzugrenzende Untersuchungsbereich Arbeitsplätze bzw. Maschinen und keine einzelnen Prozesse umfassen soll, werden die Bearbeitungsprozesse nach Arbeitsplätzen sortiert sowie die zugehörigen Kriterienausprägungen den Prozessen zugeordnet. Werden an einem Arbeitsplatz verschiedene Prozesse mit unterschiedlichen Ausprägungen der Einflussgrößen ausgeführt, erfolgt die Ermittlung einer gewichteten Durchschnittsausprägung. Die Gewichtung wird anhand der durchschnittlichen Prozessdauer je Turbinenclustertyp und der geplanten Anzahl der einzelnen zu fertigenden Turbinenclustertypen in den nächsten 5 Jahren ermittelt.

Tabelle 3.5 zeigt die beispielhafte Berechnung der gewichteten Erfahrungserwartungskenn-zahl EEK_{Gy} für den Arbeitsplatz „Pama" in der Rotorfertigung. Auf die Darstellung der Berechnung der durchschnittlichen Gesamtbearbeitungszeit je Prozess D_{xy} wird im Beispiel sowie im weiteren Verlauf der Ausführung aufgrund der Vertraulichkeit unternehmensinterner Daten (Bearbeitungszeiten und Auftragsvolumen) verzichtet.

Tabelle 3.5: Beispiel Berechnung gewichtete Erfahrungserwartungskennzahl für einen Arbeitsplatz

Arbeitsplatz	Prozess	Ausprägung Einflussgrößen EEK				EEK_x	D_{xy}	EEK_{Gy}
		B_x (0/1)	V_x (1/2/3)	E_x (1/3/5)	P_x (1/2/4)			
Pama	Modul fräsen	1	3	5	4	27	510	26,5
	Bohren	1	3	5	4	27	11856	
	Entgraten	1	2	3	2	10	362	

Anschließend erfolgt die Bewertung der Einflussgröße „Umfang/Varianz am Arbeitsplatz" U_y für jeden Arbeitsplatz durch Interviews von Experten und Teamleitern sowie die abschließende Berechnung der Erfahrungserwartungskennzahl (EEK_y) für die Arbeitsplätze in der Rotor- und Gehäusefertigung.

Im aufgeführten Beispiel wurde die Einflussgröße Umfang/Varianz am Arbeitsplatz U_y mit dem Wert 2 ausgeprägt. Die EEK_y für den Arbeitsplatz Pama ergibt sich somit zu:

$$\boldsymbol{EEK_{Pama} = U_{Pama} \cdot EEK_{GPama} = 2 \cdot 26,5 = 53}$$

Formel 3.5

Die Berechnung zeigt, dass die Arbeitsplätze innerhalb der Rotor- und Gehäusefertigung, die sich durch die Bedienung von Großmaschinen auszeichnen, das meiste Erfahrungswissen erwarten lassen. Die höchste Erfahrungserwartungskennzahl von 108 wurde für die Waagerecht-Bohr-Fräswerke „Gantry" und „Pama (Tandem)" ermittelt, da diese sich ausschließlich durch Prozesse auszeichnen, deren Ausprägungen der Einflussgrößen (B_x, V_x, E_x und P_x) den maximal möglichen Wert annehmen sowie eine im Vergleich zu anderen Arbeitsplätzen hohe Varianz der zu bearbeitenden Produkte und durchzuführenden Prozesse aufweisen. Die nächsthöhere Erfahrungserwartungskennzahl von 54 wurde bei den Spitzendrehmaschinen und Tannennutfräsmaschinen in der Rotorfertigung sowie bei den Senkrechtdrehmaschinen und den weiteren Waagerecht-Bohr-Fräswerken in der Gehäusefertigung ermittelt. Aus betrieblichen Gründen werden im Zeitraum der Untersuchung an den Arbeitsplätzen Gantry und Pama jedoch keine neuen Mitarbeiter bzw. Auszubildenden ausgebildet, so dass die Untersuchungen an Senkrechtdrehmaschinen der Gehäusefertigung vorgenommen werden, die die zweithöchste Ausprägung der EEK aufweisen.

Eine Übersicht der Erfahrungserwartungskennzahlen aller untersuchten Arbeitsplätze und Maschinen kann im Anhang (Tabelle 10.7 bis 10.9) eingesehen werden.

4 Retrospektiver Längsschnitt zum Wissenstransfer in der Dampfturbinenfertigung

Zur Darstellung der bisherigen Vorgehensweise im Umgang mit Spezial- und Erfahrungswissen sowie als Referenz für die zu erarbeitende Methode soll ein retrospektiver Längsschnitt über den Aufbau und die Übertragung von Spezial- und Erfahrungswissen in den Fertigungsbereichen der Dampfturbinenfertigung der Siemens AG am Standort Mülheim an der Ruhr erstellt werden.

Hierzu sollen ausgewählte Spezialisten verschiedener Fertigungsbereiche befragt werden. Die Spezialisten werden durch Teamleiter und Bereichsleiter ermittelt und zeichnen sich durch ein hohes Maß an Spezial- und Erfahrungswissen in Ihrem Fachbereich sowie durch das Anlernen junger Mitarbeiter aus. Durch das Führen von Interviews mit den gewählten Mitarbeitern sollen erlebte und gelebte Verfahrensweisen zu Auf- und Ausbau sowie Übertragung von Erfahrungswissen der Spezialisten ermittelt werden.

Die Befragung erfolgt in Form eines halbstandardisierten Interviews (vgl. Scheele, Groeben 1988) aus der Kategorie der Leitfadeninterviews (vgl. Flick et al. 2005). Hierzu werden die thematischen Fragenbereiche

- Bewusstwerden der eigenen Stellung
- Werdegang
- Bedeutung von Erfahrung
- Wissensvermittlung an den Spezialisten
- Wissensaneignung des Spezialisten und
- Wissens-/Erfahrungsweitergabe

abgegrenzt und Leitfragen innerhalb der einzelnen Bereiche definiert.

In der Fragenkategorie „Bewusstwerden der eigenen Stellung“ wird ermittelt, ob der Spezialist sich selbst so einschätzt und welche Eigenschaften der Befragte mit dem Status des Spezialisten verbindet. Die Kategorie „Werdegang“ umfasst Fragen zur Ausbildung und zum beruflichen Werdegang. Welche Bedeutung der Spezialist der beruflichen Erfahrung im Sinne des Erfahrungswissens beimisst, ist Inhalt der Kategorie „Bedeutung von Erfahrung“. In den Kategorien „Wissensvermittlung an den Spezialisten“, „Wissensaneignung des Spezialisten“ und „Wissens-/Erfahrungsweitergabe“ werden die Methoden und Vorgehensweisen, die der Spezialist als anzulernender Mitarbeiter erfahren hat, welche er gegenwärtig zur Erweiterung des Wissens nutzt und welche er bei Weitergabe seines Wissens an junge Mitarbeiter, im Folgenden auch als Jungfacharbeiter bezeichnet, anwendet, ermittelt und durch den Spezialisten bewertet.

Der vollständige Leitfragenkatalog kann im Anhang (Tabelle 10.10) eingesehen werden. Dieser Katalog dient als Fragengerüst, der, falls erforderlich, während des Interviews zur Vertiefung oder für Nachfragen ergänzt bzw. angepasst werden kann. Antwortmöglichkeiten sind nicht vorgegeben, so dass die Antworten frei formuliert werden. Die Befragung wurde mit insgesamt elf Spezialisten aus verschiedenen Fertigungsbereichen der Dampfturbinenfertigung durchgeführt.

4.1 Interviewanalyse

Die Analyse der Interviews zeigt, dass Erfahrungswissen in der Dampfturbinenfertigung von den Spezialisten als elementare Voraussetzung zur sicheren und qualitätsgerechten Durchführung der Prozesse gesehen wird. Dies zeigt sich vor allem darin, dass der Status des Spezialisten von allen Befragten durch die Begriffe „Erfahrung" und „Wissen" definiert wird. Durch die Varianz der Bauteile und Prozesse ist ein ausgeprägtes Erfahrungswissen erforderlich, um selten auftretende oder neue Prozesse fachgerecht durchführen zu können und eventuell auftretende Komplikationen zu meistern. Die Bedeutsamkeit von Erfahrung und dem damit verbundenen Erfahrungswissen zur Bewältigung der Arbeitsaufgaben zeigt sich auch darin, dass alle Spezialisten den Beruf, den sie heute ausüben, bereits in einer dualen Ausbildung erlernt haben und diesen bereits zwischen 12 und fast 50 Jahren ausüben. Die lange Tätigkeitsdauer bis zur Erreichung des Status des Spezialisten sowie die Aussagen der Befragten, dass die Dauer zur sicheren Beherrschung der Prozesse, in Abhängigkeit des Fertigungsbereiches, bei bis zu durchschnittlich 5 Jahren liegt, zeigt, dass der Erfahrungsaufbau durch die Einflussgrößen der Einzelfertigung (vgl. Kapitel 2), der damit verbundenen geringen Wiederholhäufigkeit der Tätigkeitsausführung und der damit einhergehenden flachen Lernkurve sowie der Komplexität der Prozesse und Produkte sehr langwierig ist.

In der absolvierten Ausbildung wurden die theoretischen und praktischen Grundlagen zur Ausübung der Tätigkeiten an die Spezialisten vermittelt. Der eigentliche Auf- und Ausbau des Erfahrungswissens erfolgte nach Aussage der Spezialisten jedoch erst im Laufe der Jahre bei Ausübung der eigentlichen Tätigkeiten im Einsatzbereich.

Wissen und Erfahrung wurden dabei durch unterschiedliche Vorgehensweisen gesammelt und aufgebaut. Die persönliche Übermittlung von Wissen durch Beobachtung, Erklärung und/oder Befragung erfahrener Kollegen wurde durch die Spezialisten am häufigsten genannt. Positiv wurden bei der persönlichen Übermittlung der enge Kontakt zu den Kollegen, das Lernen von dem Spezialisten als Erfahrungsträger sowie das Vorhandensein eines direkten Ansprechpartners empfunden. Als negativer Aspekt wurde genannt, dass bei dieser Vorgehensweise die Übertragung des Wissens stark vom Wissensträger abhängig ist und erfahrene Kollegen teilweise die Wissensweitergabe auf ein

Minimum zur Durchführung der Aufgaben reduziert haben oder die Erklärungen nicht verständlich waren.

Das Ausprobieren der Tätigkeiten und Prozesse nahm bei Auf- und Ausbau des Wissens eine weitere entscheidende Rolle ein. Die Spezialisten gaben an, dass Ihnen durch das eigenständige Probieren von Arbeitsvorgängen Zusammenhänge bewusster und verständlicher wurden. Weiterhin wurde die selbstständige Erarbeitung der Problemlösung und Prozessdurchführung bspw. bei Baustelleneinsätzen als elementarer Bestandteil des Erfahrungsaufbaus genannt. Weitere Vorgehensweisen zum Wissensaufbau und zur -übertragung nach Aussage der Spezialisten waren Verschriftlichungen, die entweder durch die Spezialisten im Lernprozess selbst angefertigt wurden oder ihnen von Wissensträgern überlassen wurden sowie unternehmensinterne und -externe Schulungen bspw. zur Übermittlung der Grundlagen der Maschinensteuerung.

Auch bei aktuellem Auf- und Ausbau des Wissens z.B. zur Beseitigung von Störungen, bei Durchführung seltener Prozesse oder Bearbeitung seltener Produkte wurde die Befragung erfahrener Kollegen und gemeinsame Erarbeitung von Problemlösungen sowie das „Ausprobieren" von allen Spezialisten am häufigsten genannt. Weitere Vorgehensweisen zum aktuellen Wissensausbau sind ebenfalls Schulungen in Spezialgebieten wie Maschinensteuerungen sowie Niederschriften produkt- und/oder prozessspezifischer Details durch die Spezialisten.

Die Weitergabe des eigenen Spezial- und Erfahrungswissens an junge Mitarbeiter wird von allen Spezialisten zur Förderung der Jungfacharbeiter, Steigerung der Qualität und Vermeidung von Fehlern als wichtig erachtet. Der Transfer des eigenen Spezial- und Erfahrungswissens im Rahmen der Anlernprozesse junger Mitarbeiter wird durch alle Befragten bewusst vorgenommen. Die Jungfacharbeiter werden nach der dualen Ausbildung, welche die theoretische Ausbildung in der Berufsschule sowie die praktische Ausbildung im Betrieb umfasst, an ihrem Arbeitsplatz eingesetzt. Dort werden sie von den Spezialisten angelernt. Die Vorgehensweise zur Übertragung des Wissens im Rahmen des Anlernprozesses differiert hierbei zwischen den Spezialisten. Vorwiegend erfolgt der Transfer durch Vorführung der erforderlichen Handlungen durch die Spezialisten sowie deren Beobachtung durch die Jungfacharbeiter. Befragungen und Erläuterungen unterstützen den Beobachtungsprozess, wobei auch hier Unterschiede erkennbar sind. Teilweise erfolgen Erläuterungen der Spezialisten nur auf spezielle Nachfragen der Jungfacharbeiter, da der Anlernprozess als „Holschulden" des jungen Mitarbeiters gesehen wird; teilweise werden Arbeitsschritte bei Demonstration ohne Nachfragen durch den Spezialisten erläutert. Partiell lassen sich die Spezialisten die erforderlichen Handlungen zur Durchführung des folgenden Arbeitsprozesses detailliert durch den Jungfacharbeiter erläutern und ergänzen oder korrigieren ggf. die durch den anzulernenden Mitarbeiter erläuterten Inhalte. Ein Teil der befragten Spezialisten präferiert das selbstständige Ausprobieren der Arbeitsschritte durch den Jungfacharbeiter im Sinne des „learning by doing", wobei der Spezialist die Handlungen des Jungfacharbeiters sehr genau beobachtet, um bei drohenden Havarien eingreifen zu können.

4.2 Erkenntnisse der Interviewanalyse

Die Befragung der Spezialisten zeigt, dass sowohl Aufbau als auch Weitergabe des Spezial- und Erfahrungswissens in der Dampfturbinenfertigung sehr personenabhängig sind und individuell gehandhabt werden. Die Übertragung des Wissens an die befragten Spezialisten nach der Ausbildung und während der Durchführung der Tätigkeiten wurde bereits individuell durch die damaligen erfahrenen Mitarbeiter beim Anlernen der Spezialisten gehandhabt. Teilweise wurden die selbst erlebten Vorgehensweisen als wertvoll und zielführend erachtet, so dass die Spezialisten diese bei der Übertragung ihres Erfahrungs- und Spezialwissens an die Jungfacharbeiter selbst einsetzen. Teilweise führten die erfahrenen Vorgehensweisen nach Aussage der Spezialisten jedoch zu Verzögerungen des Anlernprozesses bzw. war eine Wissensübertragung nicht erfolgreich, da die erfahrenen Kollegen partiell nicht gewillt waren, ihr Wissen weiter zu geben oder ihnen die didaktischen Kompetenzen zur zielgerichteten und effizienten Übertragung von Wissensinhalten fehlten, so dass die Spezialisten Verfahrensweisen verwenden, die ihrer Meinung nach besser geeignet sind.

Die Übertragung des Erfahrungswissens an die Jungfacharbeiter wird von den Spezialisten als wichtig erachtet und der Wissenstransfer im Rahmen der ihnen zur Verfügung stehenden Möglichkeiten durchgeführt. Eine systematische, an Methoden orientierte Vorgehensweise ist jedoch nicht erkennbar, so dass der Transfer individuell und intuitiv „nach bestem Wissen und Gewissen" erfolgt. Für die zielgerichtete Übertragung des umfangreichen Spezial- und Erfahrungswissens erfahrener Mitarbeiter bedarf es daher einer systematischen und geleiteten Vorgehensweise, die nachfolgend entwickelt werden soll.

5 Methode zur Optimierung des Wissenstransfers

Für den zielgerichteten Transfer von Spezial- und Erfahrungswissen erfahrener Mitarbeiter auf unerfahrene Mitarbeiter soll eine Methode zur systematischen Übertragung des Spezial- und Erfahrungswissens im Anlernprozess in der Einzelfertigung entwickelt werden.

Die Erarbeitung der Methode erfolgt dabei in zweistufiger Vorgehensweise. Zunächst werden anhand arbeitspsychologischer Kenntnisse Anforderungen hinsichtlich Inhalt und Anwendung abgegrenzt sowie eine auf den Anforderungen basierende allgemeine Methode (folgend als Referenzmethode bezeichnet), ggf. unter Einbezug bestehender Verfahren, für den Einsatz in der Einzelfertigung definiert (Kapitel 5.1). Basierend auf der Referenzmethode erfolgt im zweiten Schritt die Erarbeitung einer auf den Einsatzbereich abgestimmten Methode (im Weiteren als spezifische Methode bezeichnet), welche in einem geleiteten partizipativen Verfahren mit Mitarbeitern des Einsatzbereiches entwickelt und angewandt wird (Kapitel 5.2). Die Erarbeitung der spezifischen Methode sowie die Vorversuche zur Validierung der allgemeinen und spezifischen Methode zur Übertragung des Spezial- und Erfahrungswissens im Anlernprozess erfolgen dabei mit Mitarbeitern der Dampfturbinenfertigung für die in Kapitel 3 abgegrenzten Arbeitsbereiche. Erkenntnisse und Ergebnisse aus dem Prozess der partizipativen Erarbeitung der spezifischen Methode sowie der Anwendung im Untersuchungsbereich werden im Anschluss in Kapitel 6 diskutiert.

5.1 Wissenschaftliche Erarbeitung einer Referenzmethode

Ziel ist die Entwicklung einer Methode zur Übertragung des Spezial- und Erfahrungswissens erfahrener Spezialisten ihres Arbeitsbereiches auf anzulernende Mitarbeiter. Dieses Wissen steht, wie in Kapitel 2.4. erläutert, in unmittelbarer Beziehung zu den Handlungen des Spezialisten und äußert sich durch dessen effizientes und zielgerichtetes Arbeitshandeln. Die Übertragung des Spezial- und Erfahrungswissens des erfahrenen Mitarbeiters soll den anzulernenden Mitarbeiter somit zum effizienten und zielgerichteten Handeln im Arbeitsprozess befähigen.

5.1.1 Definition der Anforderungen

Die Regulation der Handlungen erfolgt hierbei auf verschiedenen Ebenen, in denen Planungs- und Zielfindungsprozesse stattfinden, Aktionsprogramme entworfen sowie die eigentlichen Handlungen durch Bewegungsabläufe durchgeführt werden (vgl. Handlungsregulationstheorie Kapitel 2.4.3). Während das Aufstellen und Umsetzen der Ziele der höchsten Ebene volle Bewusstheit und kontrollierte psychische Realisierungsprozesse benötigt, können untergeordnete Teilziele am Rande der Bewusstheit verbleiben und durch routinierte oder psychisch automatisierte Prozesse umgesetzt werden. (Hacker 1995) Die eigentliche Ausführung der Handlungen auf der sensumotorischen Ebene nach Hacker bzw. Ebene der Handlungsausführung nach Oesterreich ist nicht bewusstseinspflichtig, beruht auf implizitem Wissen und ist dem Spezialisten somit nicht unbedingt bewusst und demzufolge nicht immer kommunizierbar (Oesterreich 1981; Hacker 1978; Hacker 1986; Hacker 2005). Bei Entwicklung der Methode ist daher zu beachten, dass sowohl das aussagbare explizite als auch das nicht bewusstseinsfähige und kommunizierbare implizite Wissen gehoben und transferiert werden.

Die Struktur der Handlungen der verschiedenen Ebenen unterliegt einer hierarchisch-sequentiellen Organisation. In dieser Organisation werden übergeordnete Ziele in Teilziele zerlegt und ausgehend von diesen Zielen Aktionsprogramme zu deren Erreichung abgeleitet (regulative Funktionseinheiten (Hacker 1973) bzw. zyklische Einheiten (Volpert 1980, 1992, 1994)). Das zentrale Merkmal von Arbeitshandlungen aus psychologischer Sicht ist somit ihre Zielgerichtetheit oder Absichtsgeleitetheit (Hacker 1995). Die Definition der zu erreichenden Ziele zur Bewältigung der Arbeitsaufgabe, das Herunterbrechen dieser Ziele in Teilziele sowie das Bewusstmachen der zu erreichenden Ziele und Teilziele ist eine wichtige Voraussetzung zum zielgerichteten Handeln und somit bei Entwicklung der Methode zur Hebung und Übertragung des Spezial- und Erfahrungswissens zu beachten.

Eine entscheidende Rolle bei der Handlungsregulation nehmen die Operativen Abbildsysteme (OAS) ein, welche die Ziele und Aktionsprogramme generieren (Rech 1988). Ohne Abbildung der zu erreichenden Ziele sowie dazugehöriger Aktionsprogramme ist eine Regulation der Handlungen nicht möglich (Hacker 2005 nach Ashby & Conant 1970; Bernstein 1967; Anochin 1967). Die die Tätigkeit regulierenden VVR-Einheiten beschreiben die psychische Regulation der Handlungen. Bei Fokussierung auf die inhaltlichen Komponenten werden diese Regulationseinheiten auch als ZBM-Einheiten (Ziel-Bedingung-Maßnahme) bezeichnet (Hacker 2005). Das zu hebende und zu transferierende Handlungswissen liegt, wie in Kapitel 2.3.5 erläutert in der ZBM-Struktur vor (Hacker 1992; Hacker 2005). ZBM-Einheiten verknüpfen die gegebenen Ziele mit den vorherrschenden Bedingungen und den eigenen Handlungen, die zur Erreichung der Ziele erforderlich sind. Diese sind fest im Gedächtnis gespeichert (Hacker 2009). Hacker verfeinert das Ziel-, Bedingungs- und Maßnahmenwissen in Ziel-, Signal-, Ursachen-, Bedingungs-, Maßnahmen- und Folgenwissen. Diese ergeben ein Netzwerk von Wissensteilgebieten, aus denen sich tätigkeitsleitende Sachverhalte ableiten lassen. Jedes dieser Wissensteilgebiete wird als Leerstelle betrachtet, die zur erfolgreichen Bewältigung der Arbeitsaufgabe mit Wissen gefüllt sein muss (Leerstellenkonzept Hacker 1992; Hacker 2005; Hacker 2009). Neben dem Wissen um Ziele und Teilziele müssen demnach auch die bewussten und unterbewussten ZBM-Strukturen in Form der tätigkeitsleitenden Sachverhalte mittels der zu entwickelnden Methode gehoben und transferiert werden.

Hebung und Transfer der tätigkeitsleitenden Sachverhalte in Form der Leerstelleninhalte stellen somit eine weitere wichtige Anforderung an die Methode dar.

Weiterhin ist zu beachten, dass die zu entwickelnde Methode im Anlernprozess von Spezialisten und jungen bzw. unerfahrenen Mitarbeitern aus dem Fertigungsbereich angewendet werden soll. Daher ist es erforderlich, dass die Anwendung in den Arbeitsalltag integrierbar und auch ohne arbeitspsychologische Kenntnisse möglich ist. Die Methode sollte ein standardisiertes Schema, welches ohne großen Lernaufwand anwendbar ist, beinhalten.

Zusammenfassend lassen sich die folgenden Anforderungen an die zu entwickelnde Methode definieren:

- Befähigung des anzulernenden Mitarbeiters zu effizientem und zielgerichtetem Handeln
- Hebung und Transfer von sowohl explizitem als auch implizitem Wissen
- Bewusstmachung zu erreichender Ziele und Teilziele
- Vergegenwärtigung bewusst und unterbewusst gespeicherter ZBM-Strukturen durch Hebung und Transfer der zur Handlungsregulation erforderlichen Leerstellen
- Standardisiertes und wenig aufwändig erlernbares Schema
- Anwendbarkeit auch ohne arbeitspsychologische Kenntnisse

5.1.2 Methodenentwicklung

Wie in den Anforderungen definiert, sollen mit Hilfe der Methode unter anderem die zu erreichenden Ziele und Teilziele der Arbeitshandlungen definiert und dem unerfahrenen Mitarbeiter vergegenwärtigt werden. Hierzu werden als oberstes Ziel die Arbeitsvorgänge aus dem Arbeitsplan herangezogen. Diese umfassen, aufgrund des zumeist geringen Detaillierungsgrades in der Einzelfertigung, erfahrungsgemäß Arbeitsinhalte im Umfang mehrerer Stunden oder Arbeitsschichten. Zur Definition der Ziele werden die Arbeitsvorgänge von dem Spezialisten und dem unerfahrenen Mitarbeiter gemeinsam in Teilvorgänge (Teilziele) gegliedert und in einem Protokoll erfasst. Die definierten Teilvorgänge werden vor ihrer Durchführung einer weiteren Gliederung unterzogen und Unterziele gemeinsam von dem Spezialisten und dem jungen Mitarbeiter durch Definition der Vorgehensweise zur Erfüllung der Teilziele festgelegt. Die untersten Ziele sollten dabei so gewählt werden, dass diese sinnvolle in sich abgeschlossene Tätigkeiten umfassen. Sie stellen das jeweilige Ziel der durchzuführenden Handlungen dar. Auch diese Ziele werden in einem Protokoll erfasst. Erst nach Durchführung der definierten Tätigkeiten für

Teilvorgang 1 wird der nächste Teilvorgang untergliedert, protokolliert und durchgeführt. Dieser Vorgang wird so lange wiederholt, bis der im Arbeitsplan angegebene Arbeitsvorgang als definiertes oberstes Ziel erreicht wird. Sollten die Arbeitsvorgänge im Arbeitsplan sehr detailliert beschrieben sein oder Arbeitsgänge im Umfang von mehreren Tagen oder Wochen Inhalt enthalten, sollte die Gliederungstiefe entsprechend angepasst werden. Die schematische Vorgehensweise für eine zweistufige Gliederung ist in Abbildung 5.1 dargestellt.

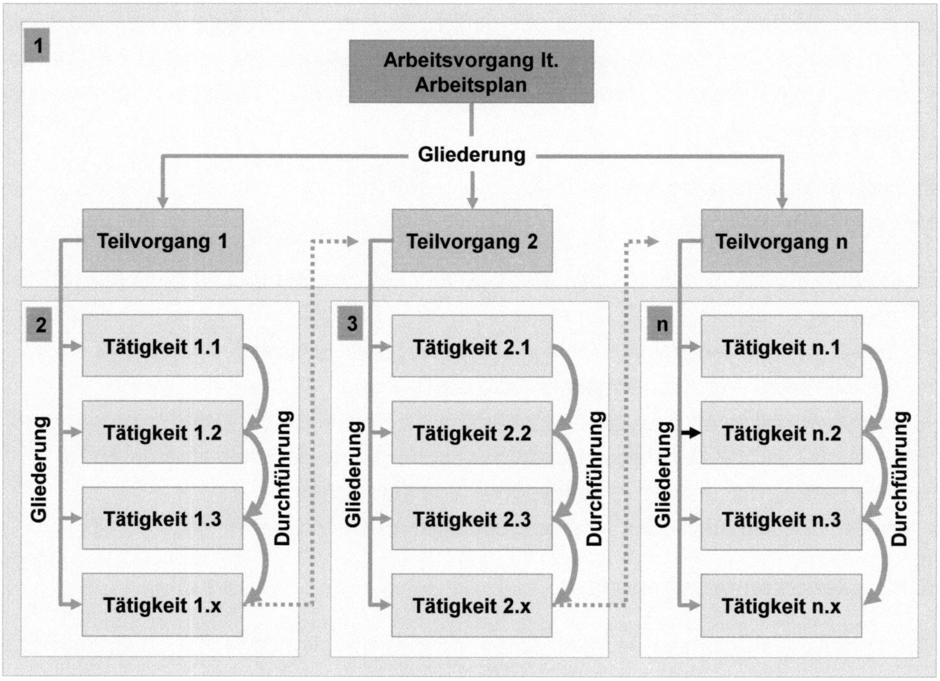

Abbildung 5.1: Gliederung der Arbeitshandlungen

Die Protokollierung der Arbeitsvorgänge sowie der Zielegliederung sollten zeitnah zu deren Definition stattfinden. Hierzu eignet sich ein an die Gliederungsstufen angepasstes Schema, welches als Gesamtübersicht über den gesamten Arbeitsvorgang dient. Abbildung 5.2. zeigt ausschnittsweise ein solches Schema für eine zweistufige Zielegliederung.

In den oberen Teil des Schemas wird der Arbeitsvorgang, der aus dem Arbeitsplan hervorgeht, eingetragen. In der linken Spalte erfolgt die Protokollierung der Teilvorgänge, welche dann vor Ihrer Durchführung in weitere Unterziele (Tätigkeiten) untergliedert werden. Die Dokumentation der Seitenzahl dient der besseren Auffindung der einzelnen Protokolle zur Beschreibung der Handlungen, welche im weiteren Verlauf erarbeitet werden. Je nach Anzahl der Gliederungsstufen und Tätigkeiten sollte eine Anpassung des Schemas an die vorherrschende Situation vorgenommen werden.

Arbeitsvorgang laut Arbeitsplan		
Teilvorgang	**Tätigkeiten**	**Seite**
	1.	
	2.	
	3.	
	4.	
	5.	
	6.	
	7.	
	8.	
	9.	
Teilvorgang	**Tätigkeiten**	**Seite**
	1.	
	......	

Abbildung 5.2: Beispielhaftes Schema zur Zielegliederung

Zur Erreichung der zuvor definierten Ziele müssen Handlungen durchgeführt werden. Diese Handlungen werden vor ihrer Durchführung von dem Spezialisten und dem anzulernenden Mitarbeiter theoretisch durchgesprochen. Hierzu wird die Vorgehensweise so detailliert wie möglich beschrieben. Diese Absprache erfolgt systematisch mittels eines standardisierten Aufnahmebogens, welcher im weiteren Verlauf erarbeitet wird. Durch die vorherige Analyse der durchzuführenden Handlungen wird zunächst das explizite Wissen des erfahrenen Mitarbeiters abgerufen. Durch die leitende Funktion des Aufnahmeschemas können alle tätigkeitsleitenden Sachverhalte und Informationen, die dem Spezialisten bewusst vorliegen, gehoben und protokolliert werden. Der anzulernende Mitarbeiter wird auf die Arbeitsaufgabe vorbereitet und weiß aufgrund ggf. fehlender Inhalte des Aufnahmebogens (die dem Spezialisten implizit vorliegen), welche Sachverhalte im weiteren Verlauf besondere Beachtung finden sollten.

Während der Durchführung der Tätigkeiten beobachtet und befragt der anzulernende Mitarbeiter den Spezialisten in Form eines Beobachtungsinterviews. Durch Beobachtung kann implizites Wissen des Spezialisten über den tatsächlichen Arbeitsablauf erfasst werden. Mittels der gezielten Befragung durch den anzulernenden Mitarbeiter können ergänzend nicht beobachtbare Informationen wie Regeln, Fakten und Gründe erfasst werden. Anhand des Aufnahmeschemas erfolgt während des Beobachtens eine gezielte Befragung des Spezialisten durch den anzulernenden Mitarbeiter zur Erfassung relevanter tätigkeitsleitender Sachverhalte. Das Beobachtungsinterview ist aufgrund der geleiteten Systematik für den anzulernenden Mitarbeiter auch ohne arbeitspsychologische Kenntnisse möglich.

Nach Abschluss des Arbeitsvorgangs bzw. Erreichung des definierten Ziels wird das Aufnahmeschema durch den anzulernenden Mitarbeiter vervollständigt. Zur Validierung der Vorgehensweise des Spezialisten sowie zur Reflektion auch unbewusster Inhalte der Handlungen wird der Vorgang anhand der Aufzeichnungen des anzulernenden Mitarbeiters wiederholt durchgesprochen und falls erforderlich abgeändert oder ergänzt.

Durch die Protokollierung der tätigkeitsleitenden Sachverhalte sowie weiterer den Prozess betreffender relevanter Informationen kann das implizite Wissen des Spezialisten, welches durch Beobachtung und gezielte Befragung durch den anzulernenden Mitarbeiter übertragen wurde, expliziert werden. Dem anzulernenden Mitarbeiter ist das soeben erlangte Wissen noch explizit vorhanden und noch nicht in implizites, schwer verbalisierbares Wissen übergegangen, so dass dieses noch aussagbar bzw. protokollierbar ist. Das auf den anzulernenden Mitarbeiter übertragene explizite Wissen des Spezialisten wird anhand des erarbeiteten Schemas mit den impliziten tätigkeitsleitenden Sachverhalten verknüpft. Durch die systematische Protokollierung werden Lücken in Wissensteilgebieten zur sicheren Durchführung des Prozesses ersichtlich. Das Protokoll wird nach Durchführung des Vorgangs und dessen Fertigstellung durch den Spezialisten geprüft, ergänzt und falls erforderlich korrigiert. Durch die retrospektive Betrachtung der Handlungen und deren tätigkeitsleitender Sachverhalte wird der Spezialist sowohl mit seinen expliziten als auch mit seinen impliziten Wissensteilgebieten konfrontiert und reflektiert diese sowie die eigene Vorgehensweise zur Durchführung des Vorgangs.

Bei möglicher Wiederholbarkeit des Arbeitsvorgangs sollte der Prozess durch eine eigene selbstständige Durchführung des Vorgangs durch den anzulernenden Mitarbeiter ergänzt werden. Durch die eigenständige Ausführung werden die aufgenommenen tätigkeitsleitenden Sachverhalte zu Handlungen verknüpft und eigene OAS gebildet. Weiterhin können mögliche Lücken zur sicheren Durchführung des Vorgangs ermittelt und geschlossen werden. Diese Lücken werden ersichtlich, sobald der anzulernende Mitarbeiter weitere Informationen als die ihm bisher zur Verfügung gestellten benötigt oder durch eigenes Erleben erfährt. Bei mehrfacher selbstständiger Wiederholung wird das protokollierte Wissen des Spezialisten durch den anzulernenden Mitarbeiter als explizites bzw. bereits impliziertes Wissen verinnerlicht. Da die Wiederholung der Vorgänge jedoch bedingt durch die Eigenschaften der Einzelfertigung meist erst nach gewisser Zeit möglich ist, sollte zur umfassenden Erfassung der tätigkeitsleitenden Sachverhalte besondere Aufmerksamkeit auf die retrospektive Betrachtung des Vorgangs gelegt werden. Je detaillierter und gewissenhafter diese erfolgt, desto detaillierter können die einzelnen tätigkeitsleitenden Sachverhalte und Informationen erfasst und transferiert werden. Schematisch stellt sich der Vorgang zur Übertragung des Spezial- und Erfahrungswissens im Anlernprozess wie in Abbildung 5.3 skizziert dar:

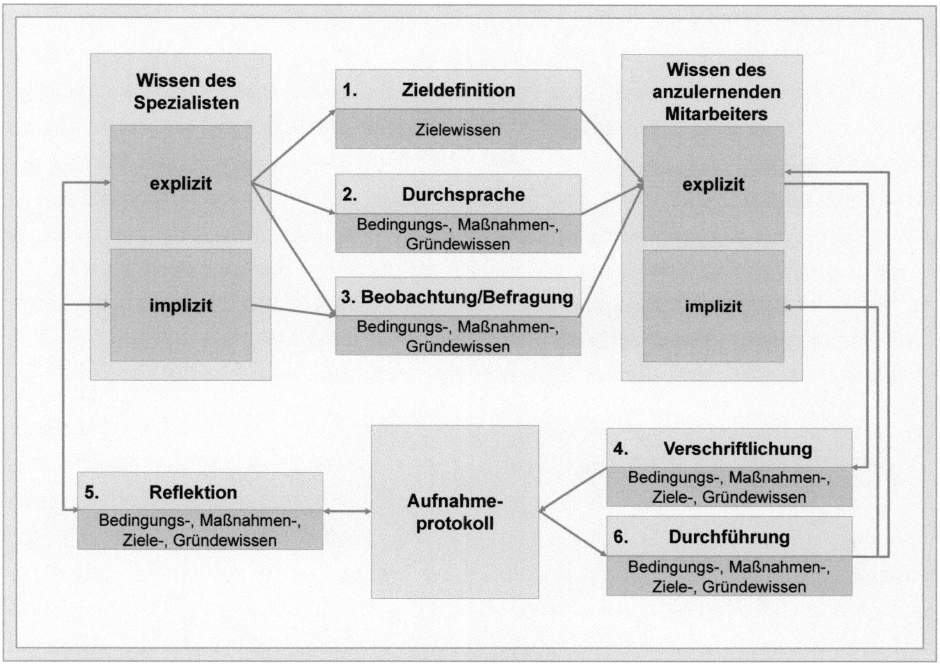

Abbildung 5.3: Prozess zur Übertragung des Spezial- und Erfahrungswissens im Anlernprozess

Die Protokollierung der zur Handlungsausführung relevanten Informationen sowie der tätigkeitsleitenden Sachverhalte erfolgt mittels eines standardisierten Aufnahmebogens. Durch die schriftliche Erfassung der durch den obigen Prozess beschriebenen Informationen werden die einzelnen Inhalte durch den anzulernenden Mitarbeiter erneut reflektiert, sortiert und bewusst aussagbar gestaltet. Durch die standardisierte Gestaltung erfolgt die Protokollierung unabhängig von Produkten oder Prozessen, so dass ein schneller Lerneffekt zur Nutzung des Aufnahmebogens eintritt und dieser zeitnah effektiv verwendet werden kann. Weiterhin dient der Aufnahmebogen als Leitfaden für den Prozess, so dass Lücken zur effizienten Handlungsdurchführung anhand von Lücken im Aufnahmebogen ersichtlich werden.

Der Aufbau des Aufnahmebogens orientiert sich gemeinhin an der Ziel-Bedingungs-Maßnahmenstruktur der durchzuführenden Handlungen. Das zu erreichende Ziel wird bereits in der Zielegliederung definiert und wird als Ziel in den Aufnahmebogen übernommen. Die vorherrschenden Bedingungen sowie die zur Erreichung des Ziels durchzuführenden Maßnahmen werden anhand des Leerstellenkonzeptes detailliert dargestellt.

Das Bedingungswissen wird durch die Fragen „Warum?“, „Woraufhin?“ und „Unter welchen Bedingungen/Voraussetzungen?“ erfasst. Die Frage „Warum?“ zielt auf die Beschreibung der Ausgangssituation, d.h. warum die durchzuführenden Handlungen zur Erreichung des definierten Zieles erforderlich sind. Signale aus der Ausgangssituation (bspw. optisch oder akustisch), die Auslöser für die Handlungserfordernis darstellen, werden durch die Frage „Woraufhin?“ erfasst. Bei der Durchführung von vorgegebenen Arbeitshandlungen laut Arbeitsplan nimmt die Frage danach, warum die Handlungen ausgeführt werden, eher eine untergeordnete Rolle ein, gewinnen jedoch bei außerplanmäßigen Handlungen wie bspw. bei Störungen umso mehr an Bedeutung. Unter der Frage „Unter welchen Bedingungen/Voraussetzungen?“ werden zu beachtende Besonderheiten und Eigenschaften innerhalb des durchzuführenden Prozesses verstanden. Dies können bspw. Besonderheiten von Werkzeugmaschinen oder besondere Werkstoffzusammensetzungen der Produkte sein, die besondere Beachtung verlangen.

Die Detaillierung des Maßnahmenwissens erfolgt mittels der Fragen „Was tun?“, „Wie?“, „Womit?“, „Mit wem?“, Wo?“ und „Wann?“. Durch die Beantwortung der Fragen „Was tun?“ und „Wie?“ werden der Handlungsablauf sowie die Vorgehensweise zur Durchführung der einzelnen Schritte beschrieben. Da diese Fragen stark korrelieren und nicht immer klar voneinander getrennt erklärbar sind, werden sie im Aufnahmeprotokoll zusammenfassend als „Erläuterung der Vorgehensweise“ aufgenommen. Die Frage „Womit?“ zielt auf die Erfassung der zu verwendenden Werkzeuge und Hilfsmittel sowie ggf. weiterer erforderlicher Arbeitsmittel wie bspw. Vorrichtungen. Bei Erfordernis eines oder mehrerer weiterer Mitarbeiter zur Durchführung der Handlungen ist die Frage „Mit wem?“ zu beantworten. Diese Frage ist vor allem dann von hoher Relevanz, wenn Mitarbeiter mit bestimmten Qualifikationen oder Befugnissen zur qualitäts- und sicherheitsgerechten Durchführung erforderlich sind. Örtliche Bedingungen, die bspw. durch die Immobilität von Werkzeugen/Maschinen oder durch thermische Einflüsse begründet sein können, werden durch die Frage „Wo?“ abgedeckt. Zeitliche Vorgaben (bspw. früheste Ausführung der nächsten Handlung bei Trocknungsprozessen oder Erfordernis der Handlung innerhalb eines bestimmten Zeitfensters bei Heizprozessen) werden durch die Frage „Wann?“ beantwortet.

Eine weitere wichtige Komponente zur qualitätsgerechten Durchführung von Arbeitsprozessen stellen die Informationen dar, die dem Mitarbeiter bspw. in Form von Unterlagen oder Dokumentationen zur Verfügung gestellt werden. Unterschieden werden können in diesem Zusammenhang verpflichtende und unterstützende Informationen. Verpflichtende Informationen sind Dokumente, aus denen Vorgaben für die Durchführung des Prozesses hervorgehen, wie bspw. Zeichnungen, Verfahrens-, Arbeits- oder Montageanweisungen. Durch diese Vorgaben werden die Handlungen des Mitarbeiters ganz oder teilweise beeinflusst und angepasst. Die Vorgabe einer bestimmten Oberflächengüte des zu fertigenden Produkts beeinflusst z.B. die Wahl des Werkzeuges, oder eine vorgegebene Arbeitsreihenfolge beeinflusst die präferierte Handlungsfolge des Mitarbeiters. Unterstützende Informationen dienen dem Mitarbeiter als Vereinfachung der Arbeitsdurchführung. Dies können durch Erfahrung angefertigte Spannskizzen oder NC-Programme sein, die durch Parameteranpassung auf die vorherrschenden Erfordernisse abgestimmt werden können. Die verpflichtenden und unterstützenden Informationen zur Handlungsausführung werden im Bereich der vorherrschenden Bedingungen in den Aufnahmebogen integriert.

Da die Methode durch anzulernende und somit in den Anwendungsbereichen unerfahrene Mitarbeiter angewandt werden soll, sind die Mitarbeiter ggf. noch nicht mit den erforderlichen Sicherheitsmaßnahmen und -vorkehrungen vertraut und können die aus den Handlungen hervorgehenden Gefahren auf Grund fehlender Erfahrungen noch nicht richtig einschätzen. Die sichere Durchführung der Arbeitshandlungen im Sinne der Unversehrtheit des Mitarbeiters und damit der Aspekt der Sicherheit ist damit von hoher Relevanz und bedarf einer Integration in den Aufnahmebogen als zu beachtende Bedingung. Der Aufnahmepunkt „Sicherheit" umfasst alle erforderlichen präventiven Sicherheitsmaßnahmen in Form von zu beachtenden installierten Sicherheitssystemen, zu tragender persönlicher Schutzausrüstung und Verhaltensweisen zur Vermeidung von Eigen- und Fremdschädigungen.

Durch die detaillierte Aufnahme der Leerstellen des Bedingungs- und Maßnahmenwissens, verpflichtender und unterstützender Dokumente und Unterlagen sowie sicherheitsrelevanter Maßnahmen können alle, die Handlung regulierenden, vorgegebenen, unterstützenden und den Mitarbeiter schützenden Wissensteilgebiete erfasst werden. Bei reiner Erfassung der definierten Inhalte werden alle Fakten zur zielgerichteten Handlungsdurchführung erhoben und protokolliert; verborgen bleiben jedoch ohne weitere Hinterfragung die Gründe, warum die Handlungen genau so durchgeführt werden. Durch eine Erweiterung des Aufnahmebogens um die didaktische Aufbereitung nach der REFA-Arbeitsunterweisung soll das Gründewissen erfasst werden. In der REFA-Arbeitsunterweisung werden die Arbeitsvorgänge didaktisch-methodisch anhand der drei Fragen „Was?", „Wie?" und „Warum so?" aufbereitet. Die Beantwortungen der Fragen „Was?" und „Wie?" sind durch die erfassten Inhalte im Aufnahmebogen bereits umfassend abgedeckt. Ergänzend soll die Frage „Warum so?" für jedes Wissensteilgebiet erfasst werden. Durch die Beantwortung dieser Frage wird das Faktenwissen für jedes

Wissensteilgebiet um Gründewissen ergänzt. Die Begründung der faktischen Inhalte nimmt vor allem im Rahmen des Anlernprozesses eine hohe Relevanz ein. Durch das Verständnis der Hintergründe werden Zusammenhänge deutlich und der Lerneffekt verstärkt. Durch die Begründung der Inhalte einzelner Wissensteilgebiete kann das erlangte Wissen auf Wissensteilgebiete weiterer Handlungen übertragen werden. Ist bspw. die Wahl eines Werkzeuges zur Bearbeitung durch die Werkstoffzusammensetzung des Werkstückes begründet, kann dieses Wissen bei der Bearbeitung gleicher Werkstoffzusammensetzungen genutzt werden. Die definierten Inhalte des Aufnahmebogens werden demzufolge jeweils um das Erfordernis der Begründung ergänzt. Eine Gesamtübersicht der erforderlichen Inhalte des Aufnahmebogens ist in Tabelle 5.1 dargestellt. Eine mögliche Darstellung der Inhalte in Form eines Aufnahmebogens ist im Anhang (Abbildung 10.1) einsehbar.

Die entwickelte Referenzmethode zur Übertragung des Spezial- und Erfahrungswissens im Anlernprozess definiert den Prozess des Wissenstransfers sowie die erforderlichen Inhalte der hierzu erforderlichen Protokolle. Nachfolgend soll die Methode als Referenz und Leitfaden für die Erarbeitung einer spezifischen Methode zur Anwendung in der Dampfturbinenfertigung dienen.

Tabelle 5.1: Erforderliche Inhalte des Aufnahmebogens

Wissens-gebiete	Wissensteilgebiete	Erläuterung
Zielwissen	Was soll erreicht werden?	Handlungsziel aus Zielegliederung
Bedingungs-wissen	Warum?	Ausgangssituation
	Woraufhin?	Signale
	Welche Bedingungen?	Prozess-/Maschineneigenschaften
	Welche Informationen?	Verpflichtende/unterstützende Dokumente/Unterlagen
	Welche Sicherheitsmaß-nahmen?	Präventive Sicherheitsvorkehrungen und Verhaltensweisen
Maßnahmen-wissen	Was tun?	Ablauf / Vorgehensweise
	Wie?	
	Womit?	Werkzeuge / Hilfsmittel
	Mit wem?	Erforderliche Kollegen
	Wo?	Örtlichkeit
	Wann?	Zeitliche Restriktionen
Gründe-wissen	Warum (so)?	Hintergründe der Inhalte der Wis-sensteilgebiete

5.2 Partizipative Erarbeitung einer spezifischen Methode für den Einsatz in der Dampfturbinenfertigung

Basierend auf der in Kapitel 5.1 erarbeiteten Referenzmethode zur Hebung und zum Transfer von Spezial- und Erfahrungswissen im Anlernprozess in der Einzelfertigung soll gemeinsam mit den Mitarbeitern die spezifische, speziell auf die Gegebenheiten der Dampfturbinenfertigung angepasste Methode entwickelt und validiert werden.

Die Erarbeitung erfolgt in einem partizipativen Gruppenverfahren mit Mitarbeitern aus den in Kapitel 3 abgegrenzten Arbeitsbereichen, dessen wesentlicher Aufbau sich an der Vorgehensweise des aufgabenbezogenen Informationsaustauschs (vgl. Kapitel 2.5.3) orientiert. Die Teilnahme der Mitarbeiter am Gesamtverfahren erfolgt hierbei auf freiwilliger Basis. Die Gruppe setzt sich aus zwei Spezialisten der Senkrechtdrehmaschinenbedienung in der Gehäusefertigung, zwei durch diese Spezialisten anzulernende junge Mitarbeiter sowie den fachlich und disziplinarisch vorgesetzten Teamleitern der Arbeitsbereiche zusammen. Hierdurch ergibt sich eine vertikal und horizontal heterogene Gruppe aus hierarchisch unterschiedlichen Ebenen mit unterschiedlichem Erfahrungshorizont. Durch das partizipative Gruppenverfahren in der gewählten Zusammensetzung finden sowohl die Erfahrungen der Spezialisten und Teamleiter bezüglich erforderlicher Inhalte zur Durchführung der Arbeitshandlungen als auch die Bedürfnisse der unerfahrenen Mitarbeiter in Bezug auf Inhalt und Lernweise Beachtung. Die gemeinsame Erarbeitung der Methodik verstärkt die Akzeptanz der Anwendung, da das Ergebnis ein gemeinsames Produkt aller Beteiligten ist, bei deren Erstellung jedes Gruppenmitglied gleichberechtigt in den Entwicklungsprozess einbezogen wird. Um sicherzustellen, dass alle Beteiligten gleichermaßen in die Entwicklung integriert werden, sowie zur Steuerung des Ablaufs, werden die Gruppenrunden durch einen Moderator geleitet.

Die in Kapitel 5.1 entwickelte Referenzmethode dient bei Entwicklung der spezifischen Methode inhaltlich und prozessual als Leitfaden. Ziel ist die Erarbeitung einer Vorgehensweise, die den definierten Prozess zur Wissensübertragung sowie die Erfassung der abgegrenzten Wissensteilgebiete und weiterer im Aufnahmeschema definierter Informationen abdeckt. Den beteiligten Mitarbeitern ist die Referenzmethode während des Entwicklungsprozesses nicht bekannt. Durch die Erarbeitung von Grunde auf soll zum einen die Akzeptanz der späteren Anwendung gesteigert werden, zum anderen den Beteiligten die Möglichkeit gegeben werden, unvoreingenommen ihre Kenntnisse, Ideen und Wünsche einzubringen, ohne sie durch Vorgabe des gewünschten Ergebnisses zu beeinflussen. Dem Moderator ist die Referenzmethode bekannt sowie das Ziel der gemeinsamen Erarbeitung bewusst, so dass dieser, sofern erforderlich, durch bspw. gezieltes Hinterfragen den Entwicklungsverlauf gestalten kann.

5.2.1 Vorbereitung und Vorgehensweise

Vor Durchführung der eigentlichen Gruppenverfahren zur Erarbeitung der Methodik werden die beteiligten Mitarbeiter in einer Auftaktveranstaltung auf die bevorstehende Aufgabe vorbereitet sowie zur Mitarbeit motiviert. Durch Anwesenheit von Arbeitnehmervertretung, Betriebs- und Fertigungsleitung wird dem Thema zum einen die erforderliche Wichtigkeit verliehen, zum anderen den Beteiligten die Möglichkeit gegeben, ihre Fragen. Bedenken uns Sorgen anzubringen und auszuräumen. Im Vordergrund stehen hier die Erzeugung von Verständnis für die Erfordernis der Erarbeitung einer Methode zur Optimierung des Wissenstransfers im Anlernprozess, das Aufzeigen der Chancen für die Beteiligten durch diese Methode, die Klärung von hiermit verbundenen Ängsten und Fragen sowie ein Übereinkommen über die weitere Vorgehensweise. Hierbei sollten speziell die die Beteiligten betreffenden Argumente fokussiert werden, um eine Identifikation der Gruppenmitglieder mit dem Thema zu erzeugen und die Motivation zur Mitarbeit zu steigern.

Durch die gemeinsame Erarbeitung einer Methode ergeben sich nicht nur positive Effekte für die Unternehmung, sondern auch Chancen für Spezialisten und anzulernende Mitarbeiter, die zur Motivation den Beteiligten nahegelegt werden sollten. Für die erfahrenen Mitarbeiter bedeutet die Entwicklung und Nutzung einer Methode eine systematische Unterstützung im Anlernprozess junger Mitarbeiter. Die Spezialisten weisen sich durch ein hohes Maß an Spezial- und Erfahrungswissen in ihrem Fachbereich aus, sind jedoch didaktisch und methodisch im Anlernprozess weitestgehend auf sich allein gestellt. Die Methode kann sowohl bei der Vorgehensweise der Wissensübertragung als auch bei den erforderlichen Inhalten eine wertvolle systematische Hilfestellung für die Spezialisten bieten. Weiterhin sollen durch die Anwendung die Anlernzeiten der Jungfacharbeiter verkürzt werden. Die frühere selbstständige Durchführung von Arbeitsprozessen stellt sowohl eine Unterstützung des Spezialisten im Arbeitsalltag als auch eine wichtige Chance für die Entwicklung des Jungfacharbeiters dar. Die schnellere Einarbeitung und somit frühere eigenständige Durchführung der Arbeitsprozesse bietet dem Jungfacharbeiter die Chance auf mehr eigenverantwortliche Arbeiten sowie frühere Aufstiegschancen.

Neben den Vorteilen der Methodennutzung für das Unternehmen und die Chancen für die Beteiligten ergeben sich jedoch auch Fragen und Ängste durch die Gruppenmitglieder, deren Klärung von immenser Bedeutung für die weitere Zusammenarbeit und den Erfolg des Projektes ist. Vordergründig steht in diesem Zusammenhang für alle Beteiligten die Angst vor Wissensenteignung. Eine Weitergabe des Wissens der Spezialisten an die jungen Mitarbeiter wird als wichtig erachtet und auch durch die Spezialisten gerne verfolgt, jedoch nur von Angesicht zu Angesicht. In Zeiten von Kapazitätsanpassungen und Verlagerungen von Produktionseinheiten ins Ausland hegen die Mitarbeiter große Bedenken, ihr Wissen preis zu geben und darüber hinaus verschriftlichen zu lassen. Demzufolge wird mit allen Beteiligten vereinbart, dass zwar die grundlegende Methodik digital erfasst wird, jedoch jegliche Verschriftlichungen, die das Wissen der Spezialisten betreffen, ausschließlich in Papierform und nicht in digitalisierter Form erfolgen und die Aufzeichnungen bei den Mitarbeitertandems aus erfahrenem und jungem Mitarbeiter verbleiben, die diese verfasst haben. Somit bleiben die Verwendung und Weitergabe des erfassten Wissens (bspw. für die Einarbeitung neuer Mitarbeiter) den Erstellern der Aufzeichnungen überlassen.

Ein weiterer Fokus der Auftaktveranstaltung liegt auf der Erläuterung der weiteren geplanten Vorgehensweise sowie der zeitlichen Abstimmung der Gruppentreffen. Aufgrund schichtübergreifender Gruppenzusammensetzung erfolgen die Gruppenrunden regelmäßig im 3-Wochen-Rhythmus für je ein bis zwei Stunden. Die geplanten und mit den Beteiligten abgesprochenen Inhalte der Gruppenrunden orientieren sich dabei an den beiden leitenden Kernfragen „Was?“ und „Wie?“: Welches Wissen soll weitergegeben werden (Inhalt) und wie soll die Weitergabe erfolgen (Methodik)?. Die Beantwortung der Frage „Wie“? zielt dabei auf die Erarbeitung eines Prozesses zur Übertragung des Spezial- und Erfahrungswissens im Anlernprozess, der die definierten Prozessschritte aus der Referenzmethode beinhaltet. Durch Beantwortung der Frage „Was“? sollen die für den Einsatzbereich relevanten und zu übertragenden Wissensteilgebiete und Informationen dergestalt ermittelt werden, dass alle in der Referenzmethode abgegrenzten Wissensteilgebiete und Informationen (welche für den vorliegenden Bereich von Relevanz sind) integriert sind sowie ggf. weitere bereichsspezifische Wissensteilgebiete und Informationen ergänzt werden. Die Erarbeitung erfolgt dabei schrittweise in mehreren Gruppenrunden. Die Ausgestaltung der inhaltlichen und methodischen Entwicklung lässt sich vereinfacht wie in Abbildung 5.4 dargestellt abbilden.

Im Anschluss an die gemeinsame Entwicklung soll die definierte Methode im Anlernprozess angewandt sowie die Erkenntnisse, Beobachtungen und Ergebnisse der Anwendung in den Gruppenrunden gemeinsam mit den Beteiligten diskutiert werden. Die detaillierte Vorgehensweise sowie die aus den Gruppenrunden resultierenden Arbeitsergebnisse werden im Folgenden eingehend erläutert. Wissenschaftliche Erkenntnisse im Rahmen der Evaluierung der erwarteten Wirksamkeit der Methodik sowohl im Prozess der Erarbeitung als auch aus der finalen praktischen Anwendung werden in Kapitel 6 gesondert betrachtet.

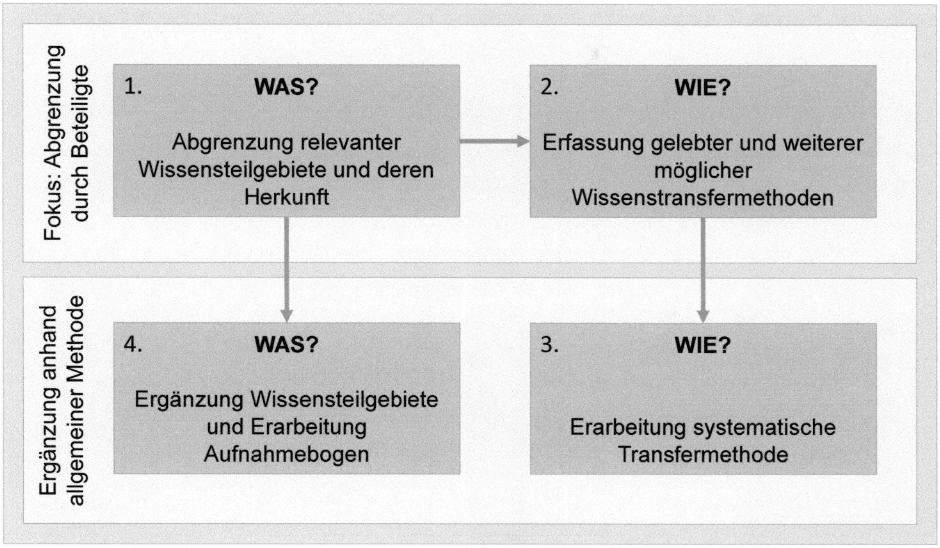

Abbildung 5.4: Inhaltliche Ausgestaltung der Gruppenrunden anhand der Leitfragen

5.2.2 Abgrenzung für die Beteiligten relevanter Wissensteilgebiete

Im ersten Schritt sollen Prozesse und Tätigkeiten abgegrenzt werden, die ein hohes Maß an Spezial- und Erfahrungswissen erfordern sowie die daraus resultierenden relevanten Wissensteilgebiete zur Durchführung der Prozesse und Tätigkeiten ermittelt werden. Durch diese Vorgehensweise sollen zunächst die für die beteiligten Mitarbeiter relevanten Wissensteilgebiete zur Tätigkeitsdurchführung ergründet und weitere den Arbeitsbereich betreffende relevante Informationen erfasst werden. Weiterhin soll die Herkunft der Informationen zur Abdeckung der Wissensteilgebiete ermittelt werden. Hierdurch kann zum einen im weiteren Verlauf der Untersuchungen abgegrenzt werden, welche Wissensteilgebiete im Hinblick auf die Erfahrungen des Spezialisten von hoher Relevanz sind, zum anderen dient die Ermittlung dem Jungfacharbeiter als wertvolle Hilfestellung zum Auffinden relevanter Informationsquellen bspw. in Form von unterstützenden oder verpflichtenden Unterlagen oder Dokumenten.

Als Unterstützung und Anregung der Tätigkeitsermittlung werden Arbeitspapiere der letzten Fertigungsaufträge herangezogen, welche gemeinsam in Tätigkeiten zerlegt und hinsichtlich ihres erforderlichen Maßes an Spezial- und Erfahrungswissen bewertet werden. Der Fokus liegt hierbei bewusst auf der Abgrenzung der für die Beteiligten als wichtig erachteten Wissensteilgebiete zur Durchführung der Arbeitshandlungen. Auf das Ziel der Vollständigkeit im Sinne der Referenzmethode wird in diesem Entwicklungsschritt bewusst verzichtet. Diese Erkenntnisse sollen als Arbeitsstand für die weitere Ausführung sowie spätere Ergänzung in Anlehnung an die Referenzmethode herangezogen werden.

Durch die gemeinsame Bewertung wird ersichtlich, dass der Großteil der ermittelten Tätigkeiten ein vergleichsweise hohes Maß an Spezial- und Erfahrungswissen erfordern und eine gezielte Abgrenzung einzelner Tätigkeiten mit besonderen Erfordernissen nicht möglich und zielführend ist. Deswegen werden kollektiv Prozesscluster für die Bearbeitung der Produkte an den Senkrechtdrehmaschinen der Gehäusefertigung definiert, anhand derer die für die Beteiligten relevanten Wissensteilgebiete ermittelt werden. Bei der Clusterung werden dabei die drei Kernprozesse Spannen, Drehen und Bohren unterschieden, sowie ein allgemeines Cluster erstellt, welches Wissensteilgebiete enthält, die für jeden der drei Kernprozesse Gültigkeit besitzen. Unter diese Kernprozesse können alle durchzuführenden Prozesse und Tätigkeiten im weiteren Verlauf und bei Untergliederung der Teilziele eingeordnet werden. Eine Übersicht der ermittelten, für die Beteiligten als wichtig erachteten Wissensteilgebiete sowie die Herkunft der Information zu deren Abdeckung sind in Tabelle 5.2 dargestellt.

Dem Kernprozess „Spannen“ wurde von den Beteiligten besondere Bedeutung beigemessen. Laut Aussage der Spezialisten „fällt und steht der Prozess“ der Gehäusebearbeitung mit diesem Arbeitsgang. Ein Großteil der Mitarbeiter würde die Maschine nicht starten, wenn sie nicht selbst das Bauteil gespannt hätten bzw. wüssten, wer den Spannvorgang ausgeführt hat und dem Können des Kollegen bedingungslos vertrauten. Bei nicht fachgemäßer Spannung kann das Bauteil bei Rotation der Planscheibe kippen oder von der Planscheibe geschleudert werden. Weiterhin befindet sich einer der Mitarbeiter bei den Ausrichtprozessen innerhalb des Gehäuses, wodurch sich erhöhte Anforderungen an die sicherheitsgerechte Durchführung der Vorgänge ergibt. Dem Mitarbeiter kommt beim Spannen demzufolge eine hohe Verantwortung für die Sicherheit der Kollegen und des Bauteils zu, um Beschädigungen und Unfälle zu vermeiden. Die Wahl der richtigen Werkzeuge und Spannmittel sowie der Anzugsmomente zum exakten Ausrichten des Bauteils sind daher wichtige Wissensteilgebiete zur fachgerechten Durchführung des Spannvorgangs. Diese basieren vorwiegend auf dem Erfahrungswissen der Spezialisten. Weiterhin ist die Beachtung der Spannposition sowie der Fertigungsreihenfolge von Wichtigkeit für die weitere Durchführung des Bearbeitungsprozesses, da bei Nichtbeachtung ggf. nachfolgende Bearbeitungsprozesse durch falsche Positionierung des Bauteils oder der Spannmittel erst nach erneutem Umspannen des Bauteils möglich wären und somit unnötiger Zeitaufwand benötigt würde. Aufgrund zumeist geringer Vorgaben aus den Arbeitspapieren wird auch hier in den meisten Fällen auf die Erfahrungen der Spezialisten zurückgegriffen.

Für den Kernprozess Drehen werden zunächst die beiden Wissensteilgebiete Werkzeuge und Bearbeitungsparameter abgegrenzt. Die Werkzeuge werden zwar teilweise mit den zur Verfügung gestellten NC-Programmen angegeben, jedoch werden diese Angaben anhand der Erfahrungswerte der Spezialisten teilweise abgeändert und ein als zielführend erachtetes Werkzeug gewählt. Gibt es keine Vorgaben zur Werkzeugwahl, erfolgt die Wahl anhand von Erfahrungswerten der Spezialisten. Die Herstellerangaben zum geeigneten Einsatz der Werkzeuge können die Wahl unterstützen, jedoch nicht die Erfahrungswerte der erfahrenen Mitarbeiter ersetzen. Die in der operativen Fertigung verwendeten Werkzeuge sind den jungen Mitarbeitern, unabhängig von deren Verwendung, teilweise aus der Ausbildung nicht bekannt, so dass die jungen Mitarbeiter zunächst grundlegend die vorhandenen Werkzeuge kennenlernen müssen und deren Verwendung und Handhabung grundlegend gelernt werden muss. Die Bearbeitungsparameter wie bspw. Vorschub, Schnitttiefe etc. werden ebenfalls aufgrund von Erfahrung und in Abhängigkeit des genutzten Werkzeugs sowie weiterer den Prozess beeinflussender Faktoren, wie z.B. Werkstoff des Bauteils oder geforderter Oberflächengüte, gewählt und „durch Gefühl“ reguliert.

Der Kernprozess Bohren wird durch die Wissensteilgebiete Werkzeuge, Aggregate sowie Bohrposition von den Beteiligten beschrieben. Die Werkzeuge werden im Gegensatz zu den Drehprozessen nicht vorgegeben und anhand der Erfahrung und der vorherrschenden Rahmenbedingungen (Größe, Tiefe, Material, Zugänglichkeit etc.) gewählt. Der Umgang mit den Zusatzaggregaten für die bohrende Bearbeitung erfordert ebenfalls Erfahrung. Die Bohrposition kann der Zeichnung aus den Arbeitspapieren entnommen werden.

Wie bereits beim Kernprozess Spannen erläutert, ist die Kenntnis der erforderlichen Fertigungsreihenfolge auch bei den Prozessen Drehen und Bohren von hoher Bedeutung für die fachgerechte Ausführung der Arbeitsprozesse. Wird die erforderliche Reihenfolge nicht eingehalten, kann dies bspw. dazu führen, dass relevante Messprozesse nicht mehr möglich oder wichtige Referenzpunkte zur Ausrichtung der Werkzeuge nicht mehr vorhanden sind. Ebenfalls von hoher Bedeutung bei allen Prozessen sind sicherheitsrelevante Maßnahmen und Verhaltensweisen zum Schutz des Mitarbeiters, weiterer im Arbeitsbereich arbeitenden Personen sowie zum Schutz der materiell wertvollen Bauteile. Das Vertrauensverhältnis zwischen dem erfahrenen Mitarbeiter und dem Jungfacharbeiter stellt daher im Anlernprozess eine wichtige Komponente dar. Der erfahrene Mitarbeiter muss wissen, ab wann und ob er sich auf den Jungfacharbeiter hinsichtlich sicherheitsrelevanter Merkmale und sicherer Prozessdurchführung verlassen kann. Ebenso muss der Jungfacharbeiter sich darauf verlassen können, dass der erfahrene Mitarbeiter ihn vor Schädigungen durch Unwissenheit bestmöglich bewahrt. Weiterhin ist für alle Beteiligten wichtig zu erfassen, dass gewisse Tätigkeiten aufgrund des Schichtbetriebes ggf. monate- oder jahrelang nicht durchgeführt werden, so dass hier keine Routine im Handeln entwickelt werden kann und der Mitarbeiter sich immer wieder neu in den Prozess hineindenken muss. Weiterhin muss das Wissen auf andere bzw. neue Produkte und Prozesse übertragen werden. Diese genannten Einflussgrößen des Anlernprozesses der Großmaschinenbedienung in der Gehäusefertigung stellen zwar keine eigenständigen Wissensteilgebiete zur zielgerichteten Handlungsausführung dar, sollen jedoch aufgrund Ihrer Wichtigkeit für die Beteiligten als wichtige Rahmenbedingungen erfasst werden.

5.2.3 Erfassung gelebter und möglicher Wissenstransfermethoden

Aufbauend auf den für die Beteiligten relevanten Wissensteilgebieten zur Durchführung der Arbeitsprozesse soll im nächsten Schritt die Weitergabe der Inhalte der Wissensteilgebiete im Anlernprozess mit den Beteiligten betrachtet werden. Ziel ist es, gemeinsam mit den Mitarbeitern die bisher gelebten Methoden für die abgegrenzten Wissensteilgebiete zu ermitteln sowie weitere Möglichkeiten zur Wissensübertragung zu erarbeiten. Auch diese Abgrenzung erhebt zunächst keinen Anspruch auf Vollständigkeit, sondern dient als Arbeitsgrundlage zur gemeinsamen Entwicklung eines Prozesses zur Übertragung des Spezial- und Erfahrungswissens im Anlernprozess. Die Ergebnisse werden zunächst ungefiltert erfasst.

Hierzu werden die abgegrenzten Wissensteilgebiete innerhalb der Kernprozesse vereinzelt und für jedes Teilgebiet gelebte und durch die Beteiligten vorstellbare Wissenstransfermethoden ermittelt und zugeordnet. In Tabelle 5.2 sind die Ergebnisse aus der Abgrenzung der Wissensteilgebiete des vorherigen Prozessschrittes mit deren möglicher Informationsherkunft sowie die gelebten und vorstellbaren Wissenstransfermethoden abgebildet.

Während der partizipativen Gruppenrunden zeigt sich, dass die durch die Beteiligten gelebten und von weiteren Kollegen erfahrenen Methoden variieren. Während von einem Teil der Spezialisten proaktive Erklärungen der einzelnen Wissensteilgebiete sowie gemeinsame Durchsprachen erfolgen, präferieren andere Kollegen eher den Wissenstransfer durch Beobachten und Nachfragen durch den Jungfacharbeiter sowie ein weiterer Teil das Lernen durch selbstständiges Ausprobieren. Allen gemein ist jedoch, dass die persönliche Weitergabe der Wissensinhalte im Vordergrund steht. Unterstützend werden zur Verfügung gestellte Arbeitspapiere (wie bspw. Zeichnungen) oder selbst erstellte Unterlagen (wie bspw. Spannskizzen), sofern verfügbar, verwendet.

Tabelle 5.2: Abgrenzung Wissensteilgebiete, Herkunft der Information zu deren Abdeckung und Möglichkeiten zur Übertragung

Wissensteilgebiet/ Information	Herkunft (Woher)	Transfermethode
Spannen/Rüsten		
Spannposition	Erfahrung Zeichnung Rücksprache mit Konstruktion	Erklärung Beispielbilder (Spannskizzen) Beobachten Befragen Ausprobieren
Werkzeuge Spannmittel	Erfahrung / Spezialwissen	Erklärung Beobachten Befragen
Kraftarbeit (Genauigkeit der Position/Anzugsmoment)	Erfahrung	Erklärung Beobachten Befragen Ausprobieren Aufschreiben
Drehen		
Werkzeuge	Tlw. durch Programmierung vorgegeben Herstellerangaben Erfahrung	Im Einsatz besprechen Beobachten Befragen Ansätze selbst überlegen
Bearbeitungsparameter	Erfahrung (abhängig von WKZ)	Beobachten Befragen Ausprobieren
Bohren		
Werkzeuge	Erfahrung des Spezialisten, ggf. auf Erfahrung von WBFlern zurückgegriffen	Im Einsatz besprechen Beobachten Befragen Ansätze selbst überlegen
Aggregate	Erfahrung	Im Einsatz besprechen Beobachten Befragen Ausprobieren
Bohrposition	Zeichnung	Zeichnung lesen
Allgemeine Wissensteilgebiete		
Fertigungsreihenfolge	Tlw. aus Arbeitspapieren Erfahrung	Gedanklich gemeinsam durchgehen
Sicherheit	Erfahrung	Erklärung Beobachten Befragen

5.2.4 Erarbeitung einer systematischen Methode zur Übertragung des Wissens im Anlernprozess

Die Sammlung gelebter und möglicher Methoden zum Wissenstransfer hat den Beteiligten gezeigt, dass der Anlernprozess je nach Präferenzen der Spezialisten variiert und nicht jede Transfermethode für jedes Wissensteilgebiet gleich zielführend anwendbar ist. Daher soll gemeinsam eine systematische Vorgehensweise zur Übertragung des Spezial- und Erfahrungswissens im Anlernprozess entwickelt werden. Priorität für die Beteiligten bei der Erstellung stellt die Anforderung, dass die zu entwickelnde Methode in den Arbeitsalltag integrierbar und möglichst mit wenig Aufwand durchführbar ist. Die Entwicklung der Vorgehensweise erfolgt durch die Systematisierung der bekannten Transfermethoden sowie geleiteter Hinterfragung des Moderators mit dem Ziel der Erfassung aller in der Referenzmethode erarbeiteter Prozessschritte (vgl. Kapitel 5.1.2).

Um die zumeist zeitlich und inhaltlich weit gefassten Arbeitsvorgänge beschreibbar und erfassbar zu gestalten, wird vereinbart, die Arbeitsvorgänge vor deren Durchführung in sinnvolle, in sich geschlossene und überschaubare Teilvorgänge zu unterteilen. Dieser Vorgang entspricht der Zielbildung aus der Referenzmethode. Die einzelnen Teilvorgänge sollen vor deren eigentlicher Durchführung gemeinsam von Spezialist und anzulernendem Mitarbeiter gedanklich antizipiert werden. Hierbei werden sowohl die Vorgehensweise als auch alle weiteren zur Durchführung des Arbeitsvorgangs wichtigen Informationen besprochen. Somit erhält der Jungfacharbeiter eine Vorstellung vom durchzuführenden Prozess, kann sich gedanklich auf die einzelnen Handlungen vorbereiten und Unklarheiten im Vorhinein beseitigen. Bei Durchführung des Prozesses selbst beobachtet der anzulernende Mitarbeiter die Handlungen des Spezialisten und ergänzt die Beobachtungen durch Befragungen. Zur systematischen Erfassung aller Wissensteilgebiete soll ein Aufnahmeschema entwickelt werden. Dieses soll als Leitfaden sowohl bei der gemeinsamen Durchsprache, den Prozessbeobachtungen und Spezialistenbefragungen als auch zur Protokollierung des gehobenen Wissens dienen. Dieses Schema entspricht dem Aufnahmebogen zur Erfassung der Wissensteilgebiete und weiterer relevanter Informationen aus der Referenzmethode und wird im Anschluss an die Erarbeitung des Prozesses entwickelt. Nach Vollendung des Teilprozesses werden die Erkenntnisse von dem Spezialisten und dem Jungfacharbeiter diskutiert und ggf. ergänzt oder korrigiert. Besteht die Möglichkeit für den Jungfacharbeiter, diesen Prozess selbst durchzuführen oder auszuprobieren, sollte dies dem Jungfacharbeiter ermöglicht werden.

Tabelle 5.3 zeigt die gemeinsam mit den Beteiligten vereinbarten Prozessschritte zur Übertragung des Spezial- und Erfahrungswissens im Anlernprozess sowie die Zuordnung der vereinbarten Prozessschritte zu denen der Referenzmethode:

Tabelle 5.3: Vorgehensweise zur Übertragung des Spezial- und Erfahrungswissens in der Dampfturbinenfertigung

Mit Beteiligten erarbeitete Methode für die Dampfturbinenfertigung	Referenzmethode
1. Unterteilung des nächsten Arbeitsvorgangs in Teilvorgänge	1. Zieldefinition
2. Gedankliches Durchgehen der Vorgehensweise sowie weiterer wichtiger Informationen	2. Durchsprache
3. Beobachtung und Befragung des Spezialisten bei Durchführung	3. Beobachtung/Befragung
4. Verschriftlichung	4. Verschriftlichung
5. Gemeinsame Ergänzung des Aufnahmebogens	5. Reflektion
6. Durchführung durch Jungfacharbeiter	6. Durchführung

Die mit den Beteiligten erarbeitete Vorgehensweise zur Übertragung des Spezial- und Erfahrungswissens im Anlernprozess entspricht inhaltlich den entwickelten Prozessschritten der Referenzmethode. Die Vorgehensweise soll nach Erstellung der Aufnahmebögen in der praktischen Anwendung validiert und mit den Beteiligten diskutiert werden.

5.2.5 Ergänzung der Wissensteilgebiete und Erstellung eines Aufnahmebogens

Zur Erfassung des transferierten Wissens sowie als Leitfaden bei der Aufnahme der Wissensteilgebiete soll im nächsten Schritt gemeinsam mit den Beteiligten ein Aufnahmebogen, wie in der Referenzmethode erläutert, entwickelt werden. Die Erarbeitung erfolgt sukzessive im Sinne eines PDCA-Zyklus.

Der PDCA-Zyklus oder auch Deming-Kreis ist als Problemlösungsprozess, im Sinne der kontinuierlichen Verbesserung, von W.E. Deming entwickelt worden (vgl. Deming 1982). Er besteht aus den vier Phasen „Plan, Do, Check, Act“, wobei diese solange durchlaufen werden, bis das gewünschte Ziel erreicht ist (vgl. Abbildung 5.5).

Für die Vorgehensweise der Erstellung des Aufnahmebogens bedeutet dies, dass im ersten Schritt das zu erreichende Ziel definiert und ein erster Lösungsvorschlag für einen

Aufnahmebogen erstellt wird. Dieser wird zwischen den 3-wöchentlichen Gruppenrunden im alltäglichen Anlernprozess angewandt und durch die Beteiligten kritisch hinterfragt. In der nächsten Gruppenrunde werden Verbesserungsvorschläge, Ideen, Wünsche und Kritiken (ggf. durch den Moderator anhand der Referenzmethode geleitet) diskutiert und in den Bogen implementiert. Dieser neue Bogen wird dann wiederum im Einsatz getestet sowie anschließend diskutiert und angepasst.

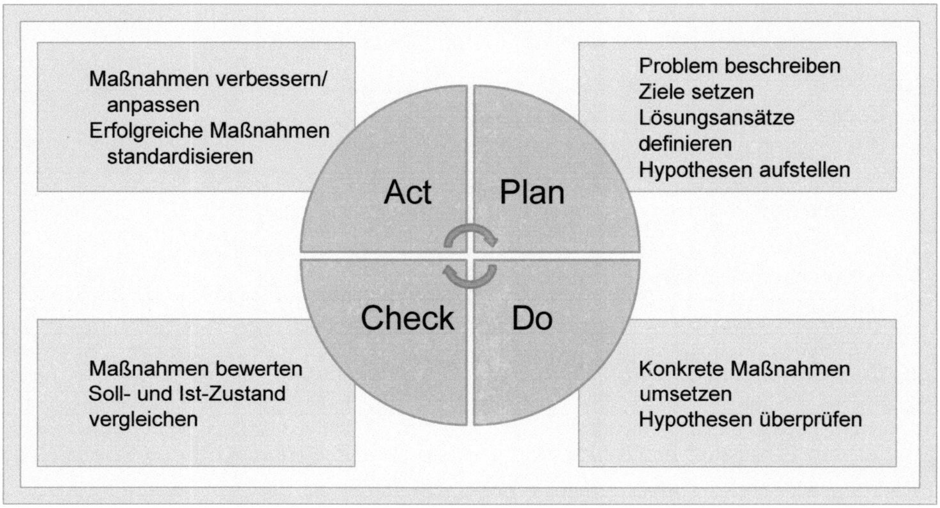

Abbildung 5.5: PDCA-Zyklus nach Deming (Deming 1982; Reitz 2008; Rother 2009)

Ziel ist die Erstellung eines Aufnahmebogens, mit dessen Hilfe das zu transferierende Spezial- und Erfahrungswissen erfasst werden kann. Dieser soll im Arbeitsalltag anwendbar und leicht verständlich auszufüllen sein. Weiterhin soll er alle zur Durchführung der Prozesse relevanten Informationen (abgegrenzte Wissensteilgebiete aus der Referenzmethode) enthalten.

Der erste Lösungsvorschlag besteht aus der Aufbereitung der zuvor für die Beteiligten relevanten Wissensteilgebiete in Ergänzung der Herkunft der erforderlichen Informationen zu deren Schließung sowie Möglichkeiten zu deren Übertragung. Die erste Version der Aufnahmebögen erhebt dabei keinen Anspruch auf Vollständigkeit hinsichtlich der Abdeckung aller erforderlicher Wissensteilgebiete im Sinne der Referenzmethode. Sie soll als Arbeitsgrundlage zur sukzessiven Verbesserung und Erweiterung der Wissensteilgebiete dienen. Ziel ist es, die abgegrenzten Wissensteilgebiete im Prozess der Anwendung des Aufnahmebogens um alle weiteren relevanten Wissensteilgebiete zu erweitern, sowie den Abstraktionsgrad der wissenschaftlichen Abgrenzung durch die Konkretisierung der Wissensteilgebiete hinsichtlich der durchzuführenden Tätigkeiten zu minimieren. Die eigenständige Erschaffung eines Aufnahmebogens schafft zum einen eine höhere Akzeptanz in der Anwendung der Methode, da Vorgehensweise und Aufnahmeschema durch die Beteiligten selbst erarbeitet und für die konkrete Anwendung spezifiziert werden, zum anderen soll das Erfordernis der Abdeckung bisher unbewusster Wissensteilgebiete den Beteiligten durch eigenes Erfahren in der Anwendung bewusst gemacht werden. Durch den Prozess der sukzessiven Erarbeitung sollen die Beteiligten für die bewusste Wissensübertragung und die Relevanz der verschiedenen Wissensteilgebiete durch eigenes Erleben sensibilisiert werden.

Die Anpassung der Aufnahmebögen erfolgt gemeinsam sukzessive in den Gruppenrunden. Die Änderungen basieren hierbei auf den in der Anwendung erfahrenen Erfordernissen zur Ergänzung einzelner Wissensteilgebiete, Änderungen des Formats zur besseren Handhabung und Anpassung von Begrifflichkeiten zur Verständnisverbesserung. Durch gezieltes Hinterfragen der Inhalte aufgenommener Tätigkeiten werden die Beteiligten für weitere, bisher noch nicht betrachtete Wissensteilgebiete sensibilisiert, welche in der nächsten praktischen Anwendung auf ihre Erfordernis zur Integration in die Aufnahmebögen durch die Beteiligten überprüft werden. Die gezielte Hinterfragung basiert dabei auf der Referenzmethode und zielt darauf, alle abgegrenzten und relevanten Wissensteilgebiete in den Bögen für die Anwendung in der Großmaschinenbedienung der Gehäusefertigung abzudecken.

In der Gruppe wurde aufgrund der (zunächst für die Beteiligten) differierenden Wissensteilgebiete für die Kernprozesse Spannen, Drehen und Bohren entschieden, für jeden dieser Kernprozesse ein eigenes Aufnahmeschema zu entwickeln. Der erste Lösungsvorschlag zur Aufnahme der Wissensteilgebiete in den drei Kernprozessen kann im Anhang (Abbildung 10.2 bis 10.4) eingesehen werden. Durch die praktische Erprobung, kontinuierliche Anpassung und gezielte Hinterfragung konnten die Aufnahmebögen für die Aufnahme des Spezial- und Erfahrungswissens im Anlernprozess an den Senkrechtdrehmaschinen der Gehäuse-fertigung finalisiert werden. Die finalen Aufnahmebögen für den Untersuchungsbereich sind im Anhang abgebildet (Abbildung 10.5 bis 10.8). Neben der Umgestaltung der optischen Aufbereitung, sowie der sprachlichen Anpassung an die für die Beteiligten gebräuchlichen Begriffe, konnten alle für den Bereich relevanten und in der Referenzmethode geforderten Wissensteilgebiete und Informationen ermittelt und in die Aufnahmebögen integriert werden. Eine Übersicht der abgegrenzten Wissensteilgebiete und Informationen der entwickelten spezifischen Aufnahmebögen als Gegenüberstellung zu den definierten Anforderungen aus der Referenzmethode kann in Tabelle 5.4 eingesehen werden.

Tabelle 5.4: Geforderte Wissensteilgebiete/Inhalte aus Referenzmethode und spezifischer Methode

Wissensteilgebiete/Inhalte aus Referenzmethode	**Erfasste Wissensteilgebiete/Inhalte in der Dampfturbinenfertigung (spezifische Methode)**		
	Spannen/ Rüsten	**Drehen**	**Bohren**
Was soll erreicht werden? (Handlungsziel aus Zielegliederung)	Schritt (Arbeitsschritt)	Schritt (Arbeitsschritt)	Schritt (Arbeitsschritt)
Warum? (Ausgangssituation)	„Achtung“	„Achtung“	„Achtung“
Woraufhin? (Signale)	„Achtung“	„Achtung“	„Achtung“
Unter welchen Bedingungen? (Prozess-/ Maschineneigenschaften)	Besonderheiten	Besonderheiten	Besonderheiten
Welche Informationen? (Verpflichtende/ unterstützende Dokumente/ Unterlagen)	Zum Ankreuzen/ Freitext	Zum Ankreuzen/ Freitext	Zum Ankreuzen/ Freitext
Welche Sicherheitsmaßnahmen? (Präventive Sicherheitsvorkehrungen und Verhaltensweisen)	Arbeitssicherheit	Arbeitssicherheit	Arbeitssicherheit
Was /Wie tun? (Ablauf/Vorgehensweise)	Fertigungsablauf & Kraftarbeit	Fertigungsablauf & Bearbeitungsparameter	Fertigungsablauf & Bearbeitungsparameter
Womit? (Werkzeuge/Hilfsmittel)	Werkzeug	Werkzeug	Werkzeug
Mit wem? (Erforderliche Kollegen)	-	-	-
Wo? (Örtlichkeit)	Position	-	Bohrposition
Wann? (Zeitliche Restriktionen)	-	-	-
Warum (so)? (Hintergründe der Inhalte der Wissensteilgebiete)	Für jedes Wissensteilgebiet	Für jedes Wissensteilgebiet	Für jedes Wissensteilgebiet
-	Skizzen/ Zeichnungen	Skizzen/ Zeichnungen	Skizzen/ Zeichnungen

Das Handlungsziel aus der Zielegliederung („Was soll erreicht werden?") wird in den Aufnahmebögen als „Schritt" dargestellt. Nach der Unterteilung des Arbeitsvorgangs in Unterziele (Schritte) werden diese in je einen Aufnahmebogen übertragen und zur besseren Auffindbarkeit nummeriert. Da vermeintlich gleich lautende Arbeitsschritte inhaltlich in Abhängigkeit der differierenden Bauteile variieren, wird der Bauteilname ebenfalls ergänzt. Durch Dokumentation des Fertigungsablaufs werden die tätigkeitsleitenden Sachverhalte zur Beantwortung der Fragen „Was?" und „Wie?" aus der allgemeinen Methode abgedeckt. Bei den Kernprozessen Drehen und Bohren werden vertiefend die zu verwendenden Bearbeitungsparameter zur Werkzeugmaschinenbedienung sowie beim Kernprozess Spannen die erforderliche Genauigkeit der Position sowie das Anzugsmoment (genannt „Kraftarbeit") erfasst. Die Beantwortung der Frage „Warum?" eine Handlung erforderlich ist, resultiert im reibungslosen Prozessablauf aus der Prozessreihenfolge, welche bereits durch die Gliederung der Arbeitsabläufe in Teilziele abgedeckt wird. Die Erfassung der gegebenen Ausgangssituation („Warum?") sowie die ggf. vorliegenden Signale („Woraufhin") sind demnach bei der Aufnahme von Handlungen zur Beseitigung von Störungen oder unvorhergesehenen Ereignissen erforderlich und werden demzufolge in den Aufnahmebögen unter dem Aufnahmepunkt „Achtung" geführt. Die vorliegenden Bedingungen wie bspw. zu beachtende Prozess- oder Maschineneigenschaften werden im Bereich „Besonderheiten" erfasst. Präventive Sicherheitsmaßnahmen und Verhaltensweisen zur sicheren Prozessdurchführung finden im Bereich „Arbeitssicherheit" Beachtung. Durch die Aufnahme der erforderlichen Werkzeuge wird die Beantwortung der Frage „Womit?" abgedeckt. Die Erfassung der Position beim Spannen bzw. der Bohrposition beim Bohren erschließt die tätigkeitsleitenden Sachverhalte zur Beantwortung der Frage „Wo?". Durch die Möglichkeit zur Skizzierung von Werkzeugen, Spannpositionen etc. können die aufgenommenen Informationen zusätzlich bildlich erfasst werden. Zeitliche Restriktionen („Wann"?) werden in den Bögen nicht vereinzelt dargestellt, da diese bei störungsfreier Durchführung der Prozesse im Untersuchungsbereich nicht relevant sind. Sollten zeitliche Restriktionen im Störungsfall von Bedeutung sein, werden diese ebenfalls unter dem Punkt „Achtung" angebracht. Das Wissen um erforderliche Partner („Mit wem?") wird ebenfalls nicht explizit aufgenommen, da die ggf. erforderlichen Kollegen innerhalb der einzelnen Kernprozesse nicht variieren. Beim Spannen bspw. werden immer ein zweiter Kollege sowie ein Kranfahrer benötigt. Verpflichtende und unterstützende Dokumente und Unterlagen werden je Wissensteilgebiet erfasst. Übliche und oft verwendete Informationen können durch Ankreuzen der vorgegebenen Möglichkeiten ausgewählt werden, selten verwendete Dokumente und Unterlagen sind über die Möglichkeit des Freitextes zu ergänzen. Die Erfassung des Gründewissens erfolgt durch die Beantwortung der Frage „Warum so?" für jedes der einzeln abgegrenzten Wissensteilgebiete.

6 Validierung der Wirksamkeit der Methode

Die Energiewende, der damit verbundene rückläufige Absatzmarkt für große Dampfturbinen sowie der daraus resultierende Konkurrenzdruck im Bereich fossiler Energieerzeugung führten im Laufe der Methodenerarbeitung und -erprobung zu Restrukturierungsmaßnahmen innerhalb der Dampfturbinenfertigung der Siemens AG am Standort Mülheim. Zu den Maßnahmen zählen unter anderem die reduzierte Einstellzahl von Auszubildenden, die fast ausschließlich befristete Übernahme nach der Ausbildung sowie die Reduzierung von Mitarbeitern durch Aufhebungs- oder Altersteilzeitverträge. Bedingt durch die Reduzierung der Auszubildenden (und somit späteren Jungfacharbeiter) sowie vermehrter Austritte erfahrener Mitarbeiter aus dem Unternehmen, ist die Anzahl geeigneter Paarungen von unerfahrenen und erfahrenen Mitarbeitern im Untersuchungsbereich zur Evaluierung der Methode begrenzt. Weiterhin ist eine längerfristige Zusammenarbeit und somit längerfristige Untersuchung der Wirksamkeit der Methode durch die befristete Einstellung der Auszubildenden in diesem Zusammenhang nicht realisierbar. Diese Umstände verdeutlichen die Dringlichkeit der Implementierung einer Methode zur Übertragung und somit des Erhalts von Erfahrungs- und Spezialwissen erfahrener Mitarbeiter, erschweren jedoch eine langfristige Evaluierung der Methode.

Die Untersuchung und Bewertung der Wirksamkeit der erarbeiteten Methode erfolgt daher anhand von Vorversuchen zur Evaluierung, Beobachtung und Analyse der in Kapitel 5 beschriebenen partizipativen Gruppenrunden und deren Ergebnisse sowie der Befragung der an der Erarbeitung der spezifischen Methode Beteiligten sowie Mitarbeitern und Führungskräften aus einschlägigen Bereichen der Fertigung, Arbeitnehmervertretung und Ausbildung. Hierzu werden Erwartungen und Ziele zur Wirksamkeit der Methode formuliert, eine entsprechende Befragung definiert sowie die Erwartungen und Ziele mittels Beobachtung, Analyse der Ergebnisse aus den Gruppenrunden sowie Auswertung der Expertenbefragungen diskutiert und belegt. Zur besseren Lesbarkeit sollen im Folgenden zunächst die Expertenbefragung grundlegend erläutert sowie anschließend die formulierten Erwartungen und Ziele zur Wirksamkeit der Methode vorgestellt und diskutiert werden.

6.1 Expertenbefragung zur Wirksamkeit der Methode

Die Expertenbefragung erfolgt anhand eines standardisierten Fragebogens in den Kategorien „Anwendung der Methode und Aufnahmebögen“, „Erarbeitung in Gruppenrunden“, „Bedeutung für den Anlernprozess“ und „Bedeutung für die Organisation“. Diese Kategorien umfassen die definierten Ziele und Erwartungen an die Methode und deren Wirksamkeit.

In den einzelnen Kategorien werden Aussagen bezugnehmend auf die Erwartungen und Ziele der Methode sowie deren Wirksamkeit aufgestellt. Die Befragten sollen durch Ankreuzen des entsprechenden Feldes belegen, inwiefern und in welchem Grad sie der Aussage zustimmen oder nicht. Hierzu stehen die Felder „Stimme voll zu", „Stimme überwiegend zu", Stimme eher zu", „Stimme eher nicht zu", Stimme überwiegend nicht zu" und „Stimme gar nicht zu" zur Verfügung. Kann oder möchte ein Befragter eine Aussage nicht beurteilen, besteht die Möglichkeit, dies durch Ankreuzen des entsprechenden Feldes zu signalisieren. Zur Auswertung ist jede Antwortmöglichkeit in Bezug auf ihren Grad der Zustimmung mit einem Skalenwert von minus drei bis plus drei versehen. Positive Skalenwerte (1,2,3) stehen für eine Zustimmung zur entsprechenden Aussage. Je höher der Wert ist, desto höher ist der Grad der Zustimmung. Negative Skalenwerte (-1,-2,-3) kennzeichnen entsprechend die Verneinung der Aussage. Wird eine Aussage nicht beurteilt, wird die Antwort mit dem Skalenwert „Null" versehen und für diese Aussage nicht in die Bewertung einbezogen. Für die Auswertung einer Aussage wird der arithmetische Mittelwert aus allen Antworten (ggf. getrennt nach den befragten Gruppen) herangezogen, welcher im Folgenden als Zustimmungsgrad bezeichnet wird. Kommentare, Hinweise oder Ergänzungen können zusätzlich zu den standardisierten Fragen in den entsprechenden Feldern von den Befragten dokumentiert werden.

Die Befragung richtet sich zum einen an die am partizipativen Gruppenprozess beteiligten Mitarbeiter zur Ermittlung der Erfahrungen und Empfindungen bei Entwicklung und Anwendung der Methode. Hier werden sowohl die beteiligten anzulernenden Mitarbeiter zur Aufnahme der persönlich erlebten Wirksamkeit der Methode befragt als auch die beteiligten erfahrenen Mitarbeiter und Teamleiter zur Ermittlung der bei den anzulernenden Mitarbeitern erkennbaren Wirksamkeit sowie ihrer Erfahrungen. Die Antworten, der an den Vorversuchen und am Gruppenprozess beteiligten Mitarbeiter werden bei Auswertung in der Auswertungsgruppe „Beteiligte" zusammengefasst. Zum anderen soll durch die Befragung die betriebspädagogische und organisatorische Sicht erfasst werden. Hierzu werden verschiedenen Gruppen sowohl die Methode als auch die Ergebnisse aus den Vorversuchen (spezifische Methode und spezifische Aufnahmebögen) präsentiert und anschließend die Befragung durchgeführt. Die betriebspädagogische Sicht wird durch Mitarbeiter aus dem Bereich der Aus- und Weiterbildung und die organisatorische Sicht durch Führungskräfte aus den Fertigungsbereichen sowie Arbeitnehmervertretern abgebildet. Die Antworten der Führungskräfte, Arbeitnehmervertreter und der Mitarbeiter der Aus- und Weiterbildung werden im weiteren Verlauf in der Auswertungsgruppe „Experten" zusammengefasst bzw. - wenn sinnvoll - in die Gruppen „betriebspädagogische Sicht" (Mitarbeiter der Aus- und Weiterbildung) und „organisatorische Sicht" (Führungskräfte und Arbeitnehmervertreter) differenziert.

Die Befragung wird insgesamt von 24 Mitarbeitern und Führungskräften der Dampfturbinenfertigung und damit verbundenen Ausbildungs- und Arbeitnehmervertretern durchgeführt.

Die Auswertung der Expertenbefragung erfolgt nachfolgend im Zuge der Definition und Belegung der Ziele und Erwartungen. Hierzu werden die jeweils relevanten Fragen der Expertenbefragung sowie die durchschnittlichen Skalenwerte der Zustimmung der Befragten abgebildet. Der vollständige Fragebogen sowie die Detailauswertung je Befragtengruppe können im Anhang (Abbildungen 10.9 bis 10.15) eingesehen werden.

6.2 Erwartungen und Ziele zur Wirksamkeit der Methode

Die entwickelte Methode zur Optimierung des Wissenstransfers in der Einzelfertigung weist den Charakter der multifaktoriellen Wirksamkeit auf, so dass positive Effekte der Wirksamkeit, die aus der Methodenanwendung resultieren, in unterschiedlichen betrieblichen Bereichen erwartet werden. Dabei begründet die Erstellung der spezifischen Methode im partizipativen Gruppenprozess, welche auf der Referenzmethode basiert, das Fundament der Wirksamkeit. Durch die partizipative Erarbeitung und konsequente Anwendung der Methode werden Wirksamkeiten sowohl für die beteiligten Mitarbeiter sowie positive Veränderungen des Anlernprozesses und eine daraus resultierende Wirksamkeit für die Organisation als Ganzes erwartet (vgl. Abbildung 6.1).

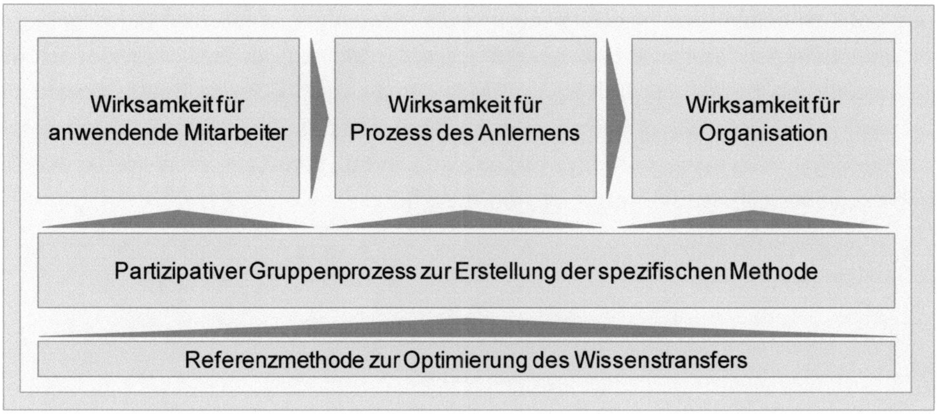

Abbildung 6.1: Multifaktorielle Wirksamkeit der Methode

Im Folgenden werden die Ziele und Erwartungen an die Methode als Ganzes sowie den partizipativen Gruppenprozess als Fundament der Wirksamkeit abgegrenzt und belegt. Anschließend sollen die auf der Methode und den Gruppenrunden basierenden, erwarteten Effekte der Wirksamkeiten für die anwendenden Mitarbeiter, den Anlernprozess sowie die Organisation als Ganzes definiert und anhand der Beobachtungen aus den Vorversuchen, den Ergebnissen der Gruppenrunden sowie der Expertenbefragung nachgewiesen und diskutiert werden.

6.2.1 Grundlegende Ziele und Erwartungen zur Anwendbarkeit

Grundlegendes Ziel für die Methode als Ganzes ist die Verständlichkeit von Vorgehensweise und Anwendung der Methode für die beteiligten Mitarbeiter. Die Anwendung erfolgt durch erfahrene Mitarbeiter des Fertigungsbereiches gemeinsam mit anzulernenden Mitarbeitern, die entweder aus der dualen Ausbildung in einen neuen Arbeitsbereich eingearbeitet oder aus anderen Arbeitsbereichen angelernt werden. Aufgrund der Fokussierung auf die technischen Inhalte zur qualitätsgerechten und sicheren Durchführung der Arbeitsprozesse im Fertigungsbereich sowohl innerhalb der Ausbildung als auch bei langjähriger Durchführung der Tätigkeit, sollte davon ausgegangen werden, dass arbeitspsychologische Kenntnisse bei den Anwendenden in der Regel nicht oder nur gering ausgeprägt vorhanden sind. Für die effiziente Nutzung und somit grundlegend für die Wirksamkeit der Methode sind daher die Verständlichkeit für die beteiligten Mitarbeiter sowie die Anwendbarkeit der Methode auch ohne arbeitspsychologische Kenntnisse von großer Bedeutung.

Während der partizipativen Gruppenrunden wurde die Verständlichkeit der Methode ohne arbeitspsychologische Kenntnisse bestätigt. Die beteiligten Mitarbeiter konnten sich schnell in die Vorgehensweise der Gruppenrunden sowie die Anwendung der Methode und der Aufnahmebögen hineindenken und die Anwendung problemlos umsetzen. Die Expertenbefragung hat ebenfalls gezeigt, dass die Methode schnell verständlich und anwendbar ist. Sowohl die beteiligten Mitarbeiter als auch Führungskräfte, Arbeitnehmervertreter und Mitarbeiter aus der Ausbildung, denen das Vorgehen, die Methode sowie die Ergebnisse in einem Kurzvortrag erläutert wurde, gaben an, diese verstanden zu haben und anwenden zu können (vgl. Abbildung 6.2).

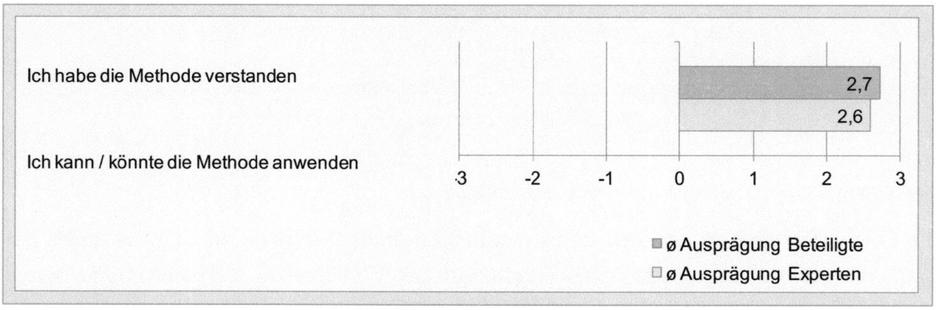

Abbildung 6.2: Ergebnis der Expertenbefragung - Verständlichkeit und Anwendbarkeit der Methode

Eine weitere wichtige Voraussetzung und somit ein weiteres Ziel für die Methode als Ganzes stellt die Integrierbarkeit der Methode in den Arbeits- bzw. Anlernalltag dar. Nur durch die Integration in den Anlernprozess ist eine konsequente und effiziente Anwendung der Methode sowie eine damit verbundene Wirksamkeit für die anzulernenden und erfahrenen Mitarbeiter, den Anlernprozess und die Organisation als Ganzes möglich. Die Integrierbarkeit der Methode in den Alltag des Anlernens wurde sowohl durch die Beteiligten als auch durch die anderen Befragten bestätigt (vgl. Abbildung 6.3).

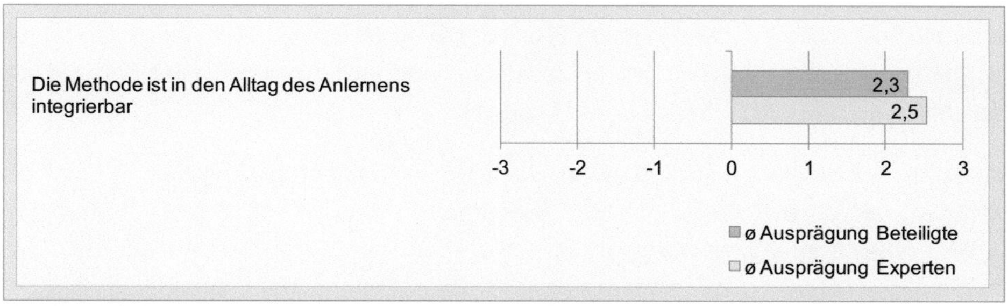

Abbildung 6.3: Ergebnis der Expertenbefragung - Integrierbarkeit der Methode in den Anlernalltag

Die Vorversuche mit Mitarbeitern der Dampfturbinenfertigung haben dies ebenfalls bekräftigt. Die anfänglich für die Beteiligten ungewöhnliche Vorgehensweise wurde nach kurzer Eingewöhnungszeit in den Arbeitsalltag übernommen und integriert.

6.2.2 Grundlegende Ziele und Erwartungen an den partizipativen Gruppenprozess

Die partizipative Erarbeitung der spezifischen Methode mit Mitarbeitern der anwendenden Bereiche bildet aufbauend auf der Verständlichkeit und Integrierbarkeit das Fundament für die erfolgreiche Wissensübertragung und somit Wirksamkeit der Methode. Während dieses Prozesses sollen das grundlegende Verständnis für die Erfordernis einer Methode zur Optimierung des Wissenstransfers geschaffen sowie die Akzeptanz und Motivation zur Mitarbeit und Anwendung der Methode auf- und ausgebaut werden. Sowohl Verständnis als auch Akzeptanz durch die Beteiligten sind wichtige Komponenten zum erfolgreichen und somit effektiven Einsatz der Methode.

In den ersten Gruppenrunden war eine deutliche Skepsis der Beteiligten dem Thema Wissenstransfer und dem geplanten Prozess der gemeinsamen Erarbeitung gegenüber erkennbar und spürbar. In Gesprächen mit den Mitarbeitern wurde deutlich, dass dies auf die Angst vor Wissensverlust im Sinne der Weitergabe des Wissens an ausländische Fertigungsstandorte und dementsprechende Verlagerung der Produktion und dem damit verbundenen Arbeitsplatzverlust zurückzuführen ist. Durch Gespräche, Erläuterungen des Zwecks sowie die Vereinbarung, dass alle Verschriftlichungen bei den Beteiligten verbleiben, konnte diese Angst genommen werden. Weitere Bedenken gingen von den erfahrenen Mitarbeitern aus, die bereits seit Jahren junge Mitarbeiter anlernen und eine Art Entmündigung in Bezug auf die Anlernvorgänge befürchteten, sowie durch die jungen Mitarbeiter, die aufgrund ihrer bisher gewonnenen Berufserfahrungen Bedenken hatten, keinen Beitrag zur Methodenerarbeitung leisten zu können. Durch die partizipative Gestaltung der Gruppenrunden und die damit verbundene Gleichstellung aller am Prozess beteiligten Mitarbeiter sowie den hohen Freiheitsgrad der eigenen Gestaltungsmöglichkeiten konnten diese Bedenken zeitnah ausgeräumt werden. Die gemeinsame Erarbeitung der Methodik und der Einbezug aller beteiligten Mitarbeiter sind daher von fundamentaler Bedeutung für den Erfolg des gemeinsamen Gruppenprozesses sowie die dadurch resultierende Wirksamkeit der Methode.

Hinsichtlich Akzeptanz und Motivation zur Mitarbeit war ein dynamischer Prozess erkennbar, den es zu festigen galt. Die Beteiligten wurden von Treffen zu Treffen dem Thema gegenüber aufgeschlossener und eine steigende Eigeninitiative ersichtlich. Dies zeigte sich einerseits durch die steigende Beteiligung innerhalb der Gruppenrunden, andererseits dadurch, dass die Beteiligten außerhalb der Gruppenrunden Ideen und Verbesserungen erarbeitet, kommuniziert und erprobt haben sowie Änderungen aktiv eingefordert wurden. Im Laufe der Erarbeitung sahen die Mitarbeiter die erarbeiteten Ergebnisse als ihr Werk an und haben sich mit diesem identifiziert.

Die oben genannten Beobachtungen spiegeln sich ebenfalls in den Ergebnissen der Expertenbefragung wider. Neben den Aussagen zu Motivation der Beteiligten zur Mitarbeit und Akzeptanz der Methode enthält die Auswertung weitere Aussagen zu Aufbau und Inhalt des Gruppenprozesses, die sich positiv auf die Motivation und Akzeptanz auswirken (vgl. Abbildung 6.5). Die Auswertung erfolgt hierbei getrennt nach der durchschnittlichen Bewertung der am Gruppenprozess beteiligten Mitarbeiter zur Erfassung des persönlichen Erlebens sowie der durchschnittlichen Bewertung aller nicht am Gruppenprozess beteiligten Experten.

Die Beteiligten des Gruppenprozesses gaben in der Befragung an, dem Thema „Wissenstransfer“ (in den operativen Vorversuchen als „Optimierung des Anlernprozesses“ betitelt) anfangs kritisch gegenüber gestanden zu haben; die Akzeptanz des Themas sowie die Motivation zur Mitarbeit seien während der Gruppenrunden jedoch gestiegen. Die Einschätzung der nicht am Gruppenprozess beteiligten Experten hat dies ebenfalls bestätigt. Der Zustimmungsgrad von durchschnittlich 1,1 Punkten bei den Beteiligten und 1,4 Punkten bei den Experten ist auf den eher verhaltenen Ausdruck der Zustimmung zurückzuführen, da betriebsintern eine offene Kultur gegenüber Veränderungen erwartet wird und die kritische Sichtweise der Thematik entsprechend vorsichtig beantwortet wurde.

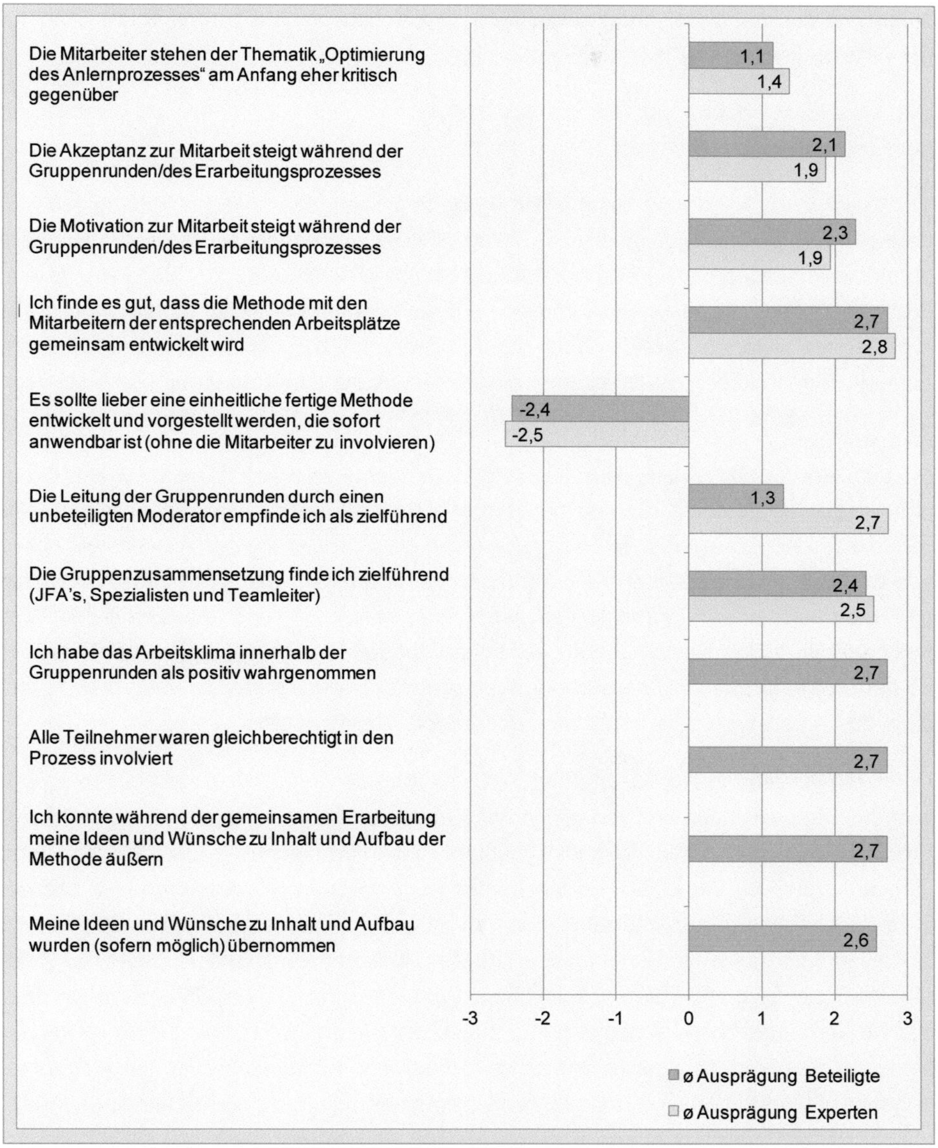

Abbildung 6.4: Ergebnis der Expertenbefragung - partizipativer Gruppenprozess

Die gemeinsame Erarbeitung der spezifischen Methode mit Mitarbeitern der Einsatzbereiche wurde von allen Befragten als positiv bewertet. Die Vorgabe einer einheitlichen, fertigen Methode hingegen wurde als nicht zielführend erachtet. Der Gruppenprozess nimmt somit durch die partizipative Erarbeitung, den Einbezug der anwendenden Mitarbeiter und der damit steigenden Akzeptanz und Motivation eine fundamentale Rolle für die Wirksamkeit der Methode als Ganzes ein.

Die Zusammensetzung der Gruppe aus Jungfacharbeitern, Experten und Teamleitern der Einsatzbereiche wurde von allen Befragten als positiv bewertet.

Weiterhin positiv wurde die Leitung der Gruppenrunden durch einen unabhängigen Moderator bewertet. Die Wichtigkeit des Einsatzes eines Moderators bestätigt sich ebenfalls durch die Aussagen der Beteiligten, dass diese sich gleichberechtigt in den Prozess einbezogen fühlten, ihre Ideen und Wünsche äußern konnten und diese (sofern möglich) in die Methode integriert wurden. Durch den Moderator kann somit ein positives Arbeitsklima geschaffen werden, welches ebenfalls zu Akzeptanz des Vorgehens und Motivation zur Mitarbeit führt.

Eine weitere für die Wirksamkeit der Methode fundamentale Anforderung an den Gruppenprozess ist die Spezifizierung der Referenzmethode an die Gegebenheiten der Arbeitsplätze der beteiligten Mitarbeiter. Ziele sind die Präzisierung der Wissensteilgebiete aus der Referenzmethode sowie die Integration weiterer für die Arbeitsbereiche wichtigen Informationen und Wissensteilgebiete. Die Spezifizierung und Anpassung der Referenzmethode bilden einen weiteren wichtigen Grundstein zur Wirksamkeit der Methode, da nur so alle für die zielführende Handlungsdurchführung erforderlichen Wissensteilgebiete des Arbeitsbereiches erfasst und übertragen werden können.

Durch die sukzessive Anpassung und Verbesserung der Aufnahmebögen in den partizipativen Gruppenrunden konnten alle in der Referenzmethode abgegrenzten und für den Einsatzbereich relevanten Wissensteilgebiete und Informationen erfasst werden. Eine Gegenüberstellung der in der Referenzmethode geforderten Wissensteilgebiete und der in der spezifischen Methode gemeinsam erarbeiteten Wissensteilgebiete wurde bereits in Kapitel 5 vorgenommen und kann in Tabelle 5.4 eingesehen werden. Die in der Referenzmethode allgemeingültig bezeichneten Wissensteilgebiete und Informationen wurden für den Einsatzbereich spezifiziert und eindeutig benannt, so dass für die Anwender eindeutig ersichtlich ist, welche Wissensteilgebiete und Informationen in den Aufnahmebogen zu übernehmen sind und wo diese einzutragen sind. So wurde bspw. das Maßnahmenwissen, welches in den Referenzaufnahmebögen mit der Frage „Wie?“ erfasst wird, durch die konkrete Abfrage der erforderlichen Bearbeitungsparameter bei den Kernprozessen Bohren und Drehen sowie durch die Abfrage der erforderlichen Kraftarbeit beim Kernprozess Spannen beschrieben. Die gemeinsam erarbeiteten Aufnahmebögen decken somit alle erforderlichen tätigkeitsleitenden Sachverhalte und Wissensinhalte zur Durchführung der Arbeitshandlungen im Anwendungsbereich ab und sind auf diesen spezifiziert.

6.2.3 Ziele und Erwartungen an die Wirksamkeit für den anzulernenden und erfahrenen Mitarbeiter

Aufbauend auf der Erreichung der grundlegenden Ziele der Methode sowie der erfolgreichen Umsetzung der Ziele des partizipativen Gruppenprozesses, ergibt sich eine Wirksamkeit für den anzulernenden und den erfahrenen Mitarbeiter. Die Wirksamkeit basiert hierbei auf der Unterstützung beim Wissenstransfer aufgrund der Nutzung einer systematischen Vorgehensweise. Basierend auf der Systematik der Methode und der Aufnahmebögen werden sich bedingende Effekte der Wirksamkeit für die anwendenden Mitarbeiter erwartet, die insgesamt den anzulernenden Mitarbeiter zu effizientem und zielgerichtetem Handeln im Arbeitsprozess befähigen. Die aufeinander aufbauenden Effekte der Wirksamkeit sind in Abbildung 6.5 schematisch dargestellt und werden im Folgenden erläutert und belegt.

Der retrospektive Längsschnitt zur Übertragung des Spezial- und Erfahrungswissens in der Dampfturbinenfertigung hat gezeigt, dass der Wissenstransfer bisher keiner Systematik unterliegt und eher intuitiv durch die Spezialisten erfolgt (vgl. Kapitel 4). Weiterhin haben Gespräche mit den Jungfacharbeitern ergeben, dass diese zwar Notizen anfertigen, sich aber unsicher sind, welche Informationen sie erfragen bzw. beobachten sollen und in welcher Form diese systematisch zu notieren sind.

Für die Wirksamkeit der Methode bedarf es einer einheitlichen systematischen Vorgehensweise, welche sowohl den erfahrenen Mitarbeiter bei der Wissensübertragung als auch den unerfahrenen Mitarbeiter bei der Aufnahme des Wissens unterstützt. Die Systematik zeichnet sich durch einen immer gleichbleibenden Ablauf sowohl bei Durchführung der Methode als auch bei Verschriftlichung aus, so dass die Anwendung zeitnah routiniert erfolgt und der Fokus auf die Wissensinhalte gelegt werden kann. Durch die Systematik des Aufnahmebogens werden alle zur Handlungsausführung erforderlichen Wissensteilgebiete sowohl bei Beobachtung und Befragung als auch bei Verschriftlichung erfasst.

Die strukturierte und systematische Vorgehensweise der Methode wurde in den Expertenbefragungen bestätigt. Sowohl die an den Vorversuchen und der Gruppenrunde beteiligten Mitarbeiter als auch alle anderen Befragten gaben an, die hinter der Methode befindliche Systematik als unterstützend beim Wissenstransfer im Anlernprozess zu empfinden (vgl. Abbildung 6.6). Weiterhin wurde bestätigt, dass der Aufnahmebogen alle zur Handlungsdurchführung relevanten Wissensteilgebiete umfasst (in der Befragung zur besseren Verständlichkeit als relevante Informationen zur Prozessdurchführung betitelt).

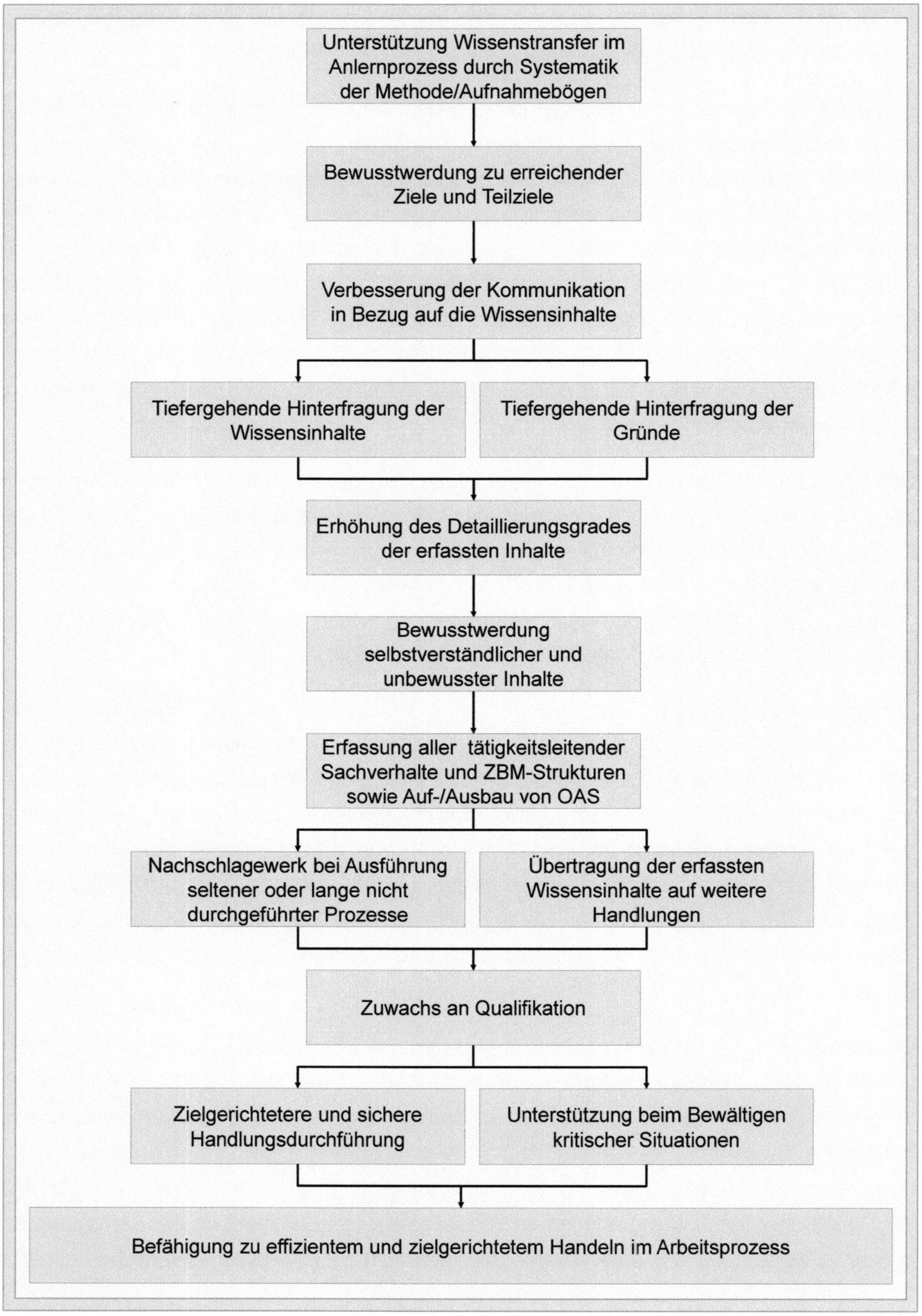

Abbildung 6.5: Effekte der Wirksamkeit für erfahrenen und anzulernenden Mitarbeiter

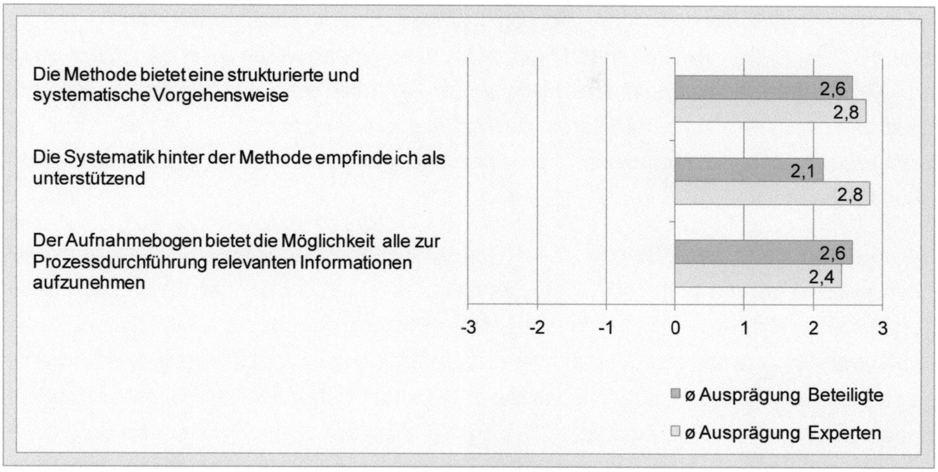

Abbildung 6.6: Ergebnis der Expertenbefragung - Systematik der Methode

Bedingt durch die in der Systematik vorgegebene Gliederung des nächsten Arbeitsvorgangs in überschaubare Teilvorgänge, können dem anzulernenden Mitarbeiter die durch die Handlungen zu erreichenden Ziele und Teilziele bewusst gemacht werden. Die zu erreichenden Ziele und Teilziele werden durch die anzulernenden Mitarbeiter systematisch in Listenform erfasst und für jedes zu erreichende Teilziel ein Aufnahmebogen vorbereitet. Zur verbesserten Auffindbarkeit und Systematisierung der Aufnahmebögen werden die einzelnen Teilziele mit Nummern versehen und diese auf die dazugehörigen Aufnahmebögen übertragen.

Aufbauend auf der Systematik der Methode und der Aufnahmebögen wird eine Verbesserung der Kommunikation in Bezug auf die Wissensinhalte zwischen erfahrenem und anzulernendem Mitarbeiter erwartet. Durch die methodische Vorgehensweise der Zerlegung der Arbeitsaufgabe in Ziele und Teilziele, der gemeinsamen Durchsprache der durchzuführenden Handlungen, der Beobachtung und Befragung während der Handlungsdurchführung sowie der Reflektion der beobachteten und aufgenommen Inhalte ist die wissensbezogene Kommunikation bereits ein wichtiger und integrierter Bestandteil der Methode. Die Aufnahmebögen nehmen hierbei eine leitende und unterstützende Funktion in der Kommunikation der Wissensinhalte ein.

Gespräche mit jungen Mitarbeitern des Fertigungsbereiches haben gezeigt, dass Inhalte und Ausmaße der Kommunikation in Bezug auf die Wissensinhalte zwischen erfahrenem und unerfahrenem Mitarbeiter ohne Anwendung der Methode personenabhängig stark variieren. Unter den erfahrenen Mitarbeitern sind bspw. Mitarbeiter vertreten, die aus eigenem Antrieb dem unerfahrenen Mitarbeiter Handlungen, Zusammenhänge und Gründe erläutern und Mitarbeiter, die mit dem Anlernprozess eine Holschuld des unerfahrenen Mitarbeiters verbinden und somit dessen Eigeninitiative erwarten und nur gezielt die Fragen des unerfahrenen Mitarbeiters beantworten. Auch unter den anzulernenden Mitarbeitern existieren Unterschiede in der Persönlichkeit, die sich auf die Kommunikation auswirken. So können bspw. Mitarbeiter, die eher introvertiert sind und somit nur wenig nachfragen von Mitarbeitern, die extrovertiert und proaktiv das Wissen einfordern, unterschieden werden.

Durch Anwendung der Methode können die personenabhängigen Varianzen ausgeglichen werden, da die Methode eine systematische Kommunikationsstruktur enthält und vorgibt. Der erfahrene und unerfahrene Mitarbeiter wird durch die methodische Vorgehensweise angehalten, sowohl vor, während, als auch nach der Handlungsausführung in Bezug auf die Wissensinhalte miteinander zu kommunizieren. Der Aufnahmebogen dient dabei als Leitfaden zur Erfassung aller tätigkeitsleitenden Sachverhalte. und wirkt somit leitend für die Inhalte der Kommunikation in Bezug auf die Wissensinhalte, welche im Aufnahmebogen erfasst werden sollen. Es wird erwartet, dass zur Erfassung der Inhalte, die Wissensteilgebiete durchzuführender Handlungen sowie der Gründe, warum diese Handlungen genau so durchgeführt werden, tiefergehend durch den anzulernenden Mitarbeiter hinterfragt werden.

In den Gruppenrunden wurde die verbesserte Kommunikation in Bezug auf die Wissensinhalte sowie die Vertiefung der Nachfragen des unerfahrenen Mitarbeiters hinsichtlich der Handlungen und Gründe bestätigt. Die jungen Mitarbeiter gaben an, dass sie für die Vervollständigung der Aufnahmebögen häufiger Wissensteilgebiete beim erfahrenen Mitarbeiter erfragen als zuvor. In diesem Zusammenhang wurde besonders die Frage nach den Gründen hervorgehoben, da die Gründe der Handlungen und deren Inhalte bisher seltener hinterfragt wurden, um Missverständnisse in Hinsicht eines Anzweifelns der Ausführung des erfahrenen Mitarbeiters zu vermeiden. Die Aussagen der jungen Mitarbeiter spiegeln sich in den Einschätzungen und Erwartungen der Experten wider (vgl. Abbildung 6.7).

Die Befragten sind sich einig, dass durch die Systematik der Methode und der leitenden Funktion der Aufnahmebögen die Methode zu einer positiven Veränderung der Kommunikation zwischen unerfahrenem und erfahrenem Mitarbeiter sowie zur tiefergehenden Hinterfragung der Handlungen und deren Gründe durch den unerfahrenen Mitarbeiter beiträgt.

Aufbauend auf der verbesserten Kommunikation bezüglich der Wissensinhalte sowie der tiefergehenden Hinterfragung durchgeführter Handlungen und Gründe wird erwartet, dass der Detaillierungsgrad der Verschriftlichungen und somit der erfassten und übertragenen Wissensinhalte im Laufe der Anwendung steigt. Bedingt durch die methodenbedingte vertiefte Kommunikation sowie die leitende Funktion des Aufnahmebogens bzgl. der Wissensteilgebiete werden die Inhalte der einzelnen Wissensteilgebiete tiefergehend fokussiert, detaillierter betrachtet und durch den anzulernenden Mitarbeiter erfasst.

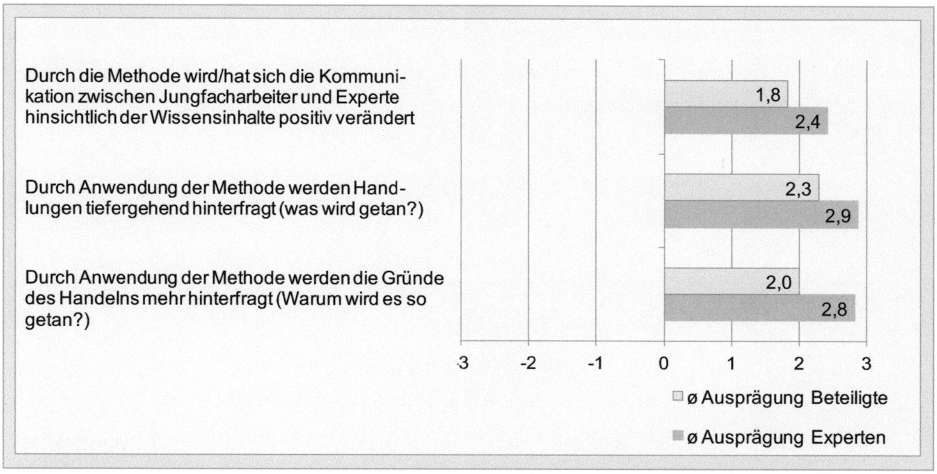

Abbildung 6.7: Ergebnis der Expertenbefragung - Kommunikation und Vertiefung der Nachfragen

Die Erhöhung des Detaillierungsgrades der erfassten Inhalte lässt sich anhand der Ergebnisse der Vorversuche bestätigen. Die Sichtung der durch die anzulernenden Mitarbeiter ausgefüllten Aufnahmebögen zeigt, dass die zu Beginn der Methodenanwendung erfassten Inhalte eher oberflächlichen Charakter aufweisen, im Laufe der Anwendung jedoch eine zunehmende Detailtiefe zu erkennen ist. Auszüge der Aufnahmebögen zu Beginn sowie nach fortschreitender Anwendung sind in Abbildung 6.8 dargestellt. Auf die Veröffentlichung vollständiger Aufnahmebögen zu einzelnen Prozessschritten bzw. Tätigkeiten wird aus betriebsbedingtem Interesse verzichtet. Differenzen der standardisierten Anteile der Ausschnitte (vorgedruckter Part) bei gleichen Wissensteilgebieten sind auf die unterschiedlichen Stadien der sukzessiven Anpassung und Verbesserung der Aufnahmebögen im partizipativen Gruppenprozess zum Zeitpunkt der Erfassung der Wissensinhalte zurückzuführen.

Die zunehmende Detailtiefe der erfassten Wissensinhalte im Laufe der Anwendung ist anhand der Ausschnitte der Aufnahmebögen im unteren Teil der Abbildung 6.8 deutlich erkennbar. Während die im oberen Teil der Abbildung dargestellten Ausschnitte aus den Anfängen der Methodenanwendung noch einen geringen Detaillierungsgrad der erfassten Inhalte aufweisen, zeichnen sich die Ausschnitte im unteren Bereich durch eine wesentlich erhöhte Detailtiefe der Aufzeichnungen und somit der durch den anzulernenden Mitarbeiter erfassten Wissensinhalte aus. Die erhöhte Detailtiefe zeigt sich sowohl durch die differenziertere schriftliche Darstellung der Inhalte innerhalb der einzelnen Wissensteilgebiete als auch durch die differenziertere Erfassung des Gründewissens, d.h. der Begründung, warum, wie in den Wissensteilgebieten beschrieben verfahren wird. Die Erfassung der Wissensinhalte erfolgt hierbei sowohl in Textform als auch in Form von Zeichnungen oder Skizzen, die ergänzend oder ausschließlich die Inhalte der Wissensteilgebiete graphisch darstellen. Beispiele der graphischen Ergänzung sind in Abbildung 6.8 durch eine Skizze eines Werkzeugaufbaus und in Abbildung 6.9 durch eine Zeichnung zu einem Spannvorgang dargestellt.

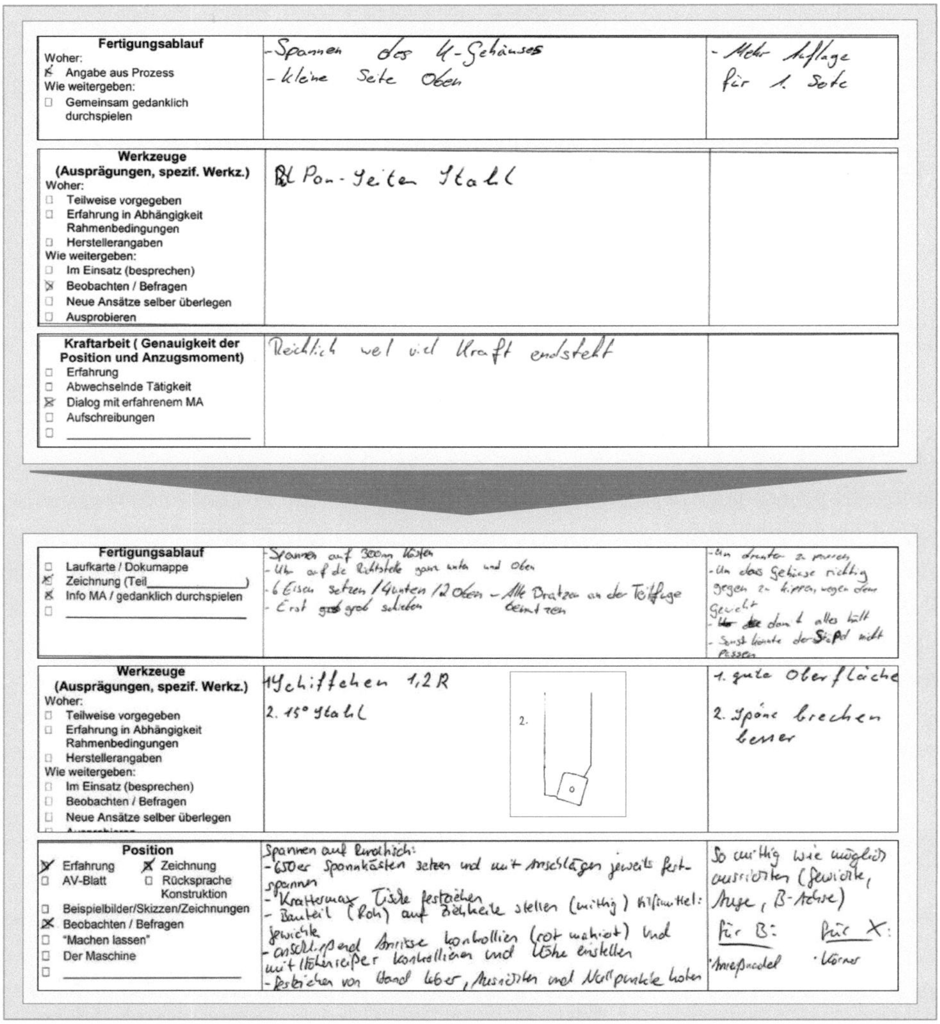

Abbildung 6.8: Aufnahmebögen zu Beginn (oben) und im weiteren Verlauf der Methodenanwendung (unten)

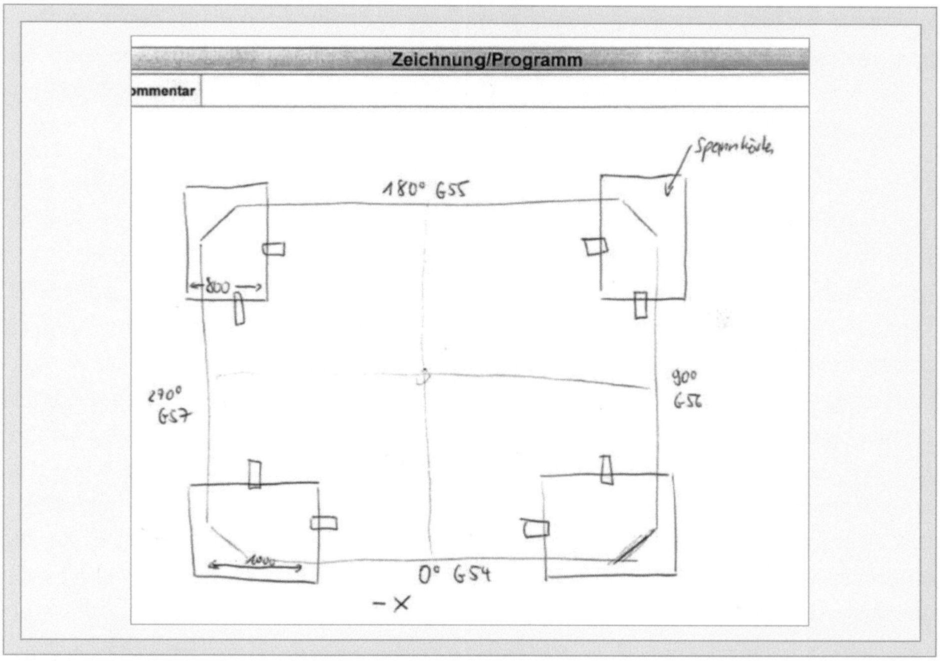

Abbildung 6.9: Beispiel für eine Zeichnung zum Spannvorgang

Die bereits in den Aufnahmebögen ersichtliche Zunahme der Detailtiefe bei Erfassung der Wissensinhalte wurde innerhalb der partizipativen Gruppenrunden bestätigt. Im Zuge der kontinuierlichen Verbesserung und Anpassung der Aufnahmebögen wurden die anzulernenden Mitarbeiter gebeten, die aufgenommenen Inhalte den anderen Beteiligten zu erläutern. Bei fortschreitender Methodenanwendung konnte neben der Detaillierung der in den Aufnahmebögen festgehaltenen Wissensinhalte auch eine Detaillierung in den verbalen Erläuterungen festgestellt werden, wobei der Grad der Detailtiefe der Erläuterungen jeweils den Grad der Detailtiefe der schriftlichen Darstellung überstiegen hat. Dies bedeutet, dass die vom anzulernenden Mitarbeiter kognitiv erfassten Wissensinhalte tatsächlich einer höheren Differenzierung unterliegen als dies den Aufzeichnungen in den Aufnahmebögen zu entnehmen ist und bereits Operative Abbildsysteme (OAS) zu Sachverhalten gebildet wurden, deren Bestandteile mit den in den Aufnahmebögen erfassten Stichpunkten verbunden sind und durch diese abgerufen werden können.

Ein Beispiel hierfür ist die in Abbildung 6.8 gezeigte Verschriftlichung „Späne brechen besser“ als eine Begründung für die Wahl eines Werkzeugs. Bei der verbalen Erläuterung erfuhr diese Aufzeichnung die Detaillierung, dass das gewählte Werkzeug aufgrund seiner Geometrie die Erstellung kurzer Späne unterstützt und somit die unerwünschten Wirrspäne, welche unkontrolliert ggf. das Werkstück beschädigen oder sich um das

Werkzeug wickeln können, verhindert, sowie den Spanabfluss in die gewünschte Richtung leitet. Dies zeigt, dass nicht nur der Detaillierungsgrad der Aufschreibungen im Laufe der Anwendung steigt, sondern auch die tatsächlich übertragenen Wissensinhalte auf den anzulernenden Mitarbeiter an Detailtiefe zunehmen.

Die zunehmende Detailfähigkeit der Anwendenden in Bezug auf die Wissensinhalte wirkt sich basierend auf der der Methode zugrunde liegenden Systematik wiederum positiv auf die Hebung und Erfassung der für den erfahrenen Mitarbeiter selbstverständlichen und der unbewussten, impliziten Wissensinhalte aus. Zum einen werden für den erfahrenen Mitarbeiter selbstverständliche Inhalte vom anzulernenden Mitarbeiter nicht mehr als selbstverständlich akzeptiert, sondern derart tiefgehend hinterfragt, dass die Inhalte auch dem anzulernenden Mitarbeiter verständlich sind. Zum anderen wirkt sich die erhöhte Detailfähigkeit des anzulernenden Mitarbeiters auch auf dessen Beobachtungsgabe aus, so dass die Handlungen des erfahrenen Mitarbeiters auf einem höheren Detaillierungsgrad beobachtet und hinterfragt sowie in der gemeinsamen Reflektion der Inhalte diskutiert werden. Somit können die, für den erfahrenen Mitarbeiter selbstverständlichen und unbewussten Inhalte sowohl dem erfahrenen Mitarbeiter in hohem Differenzierungsgrad bewusst gemacht als auch von dem unerfahrenen Mitarbeiter erfasst werden.

Aufbauend auf der Systematik der Methode und der vertieften Kommunikation sowie der zunehmenden Detailfähigkeit in Bezug auf sowohl bewusste als auch unbewusste Wissensinhalte, können alle zur Handlung erforderlichen tätigkeitsleitenden Sachverhalte und damit verbundene ZBM-Strukturen durch den anzulernenden Mitarbeiter sowohl schriftlich als auch kognitiv erfasst sowie vorhandene OAS stabilisiert bzw. neue OAS generiert werden. Eine wichtige Rolle übernimmt hierbei die leitende Funktion des Aufnahmebogens, da dieser alle zur erfolgreichen Durchführung der Tätigkeit erforderlichen Wissensteilgebiete abdeckt und durch die Verschriftlichung der Wissensinhalte als wertvolles Nachschlagewerk für den anzulernenden Mitarbeiter bspw. bei seltenen oder lange Zeit nicht ausgeführten Prozessen dient.

Die Funktion des Nachschlagewerks wurde bei der Befragung der Experten sowohl durch die anwendenden Mitarbeiter als auch durch die Experten bestätigt (vgl. Abbildung 6.10).

Weiterhin werden aufgrund der detaillierten Erfassung der Wissensinhalte sowie des entsprechenden Gründewissens Wissensinhalte auf weitere, ggf. noch nicht durchgeführte Handlungen von dem anzulernenden Mitarbeiter übertragen. Ein Beispiel hierfür liefert die Aussage eines anzulernenden Mitarbeiters, der bedingt durch die detaillierte Aufnahme der Wissensinhalte und Gründe bzgl. des Werkzeuggebrauchs in einer Handlung dieses Wissen erfolgreich bei der Wahl eines Werkzeuges zur Durchführung einer anderen Handlung nutzen konnte.

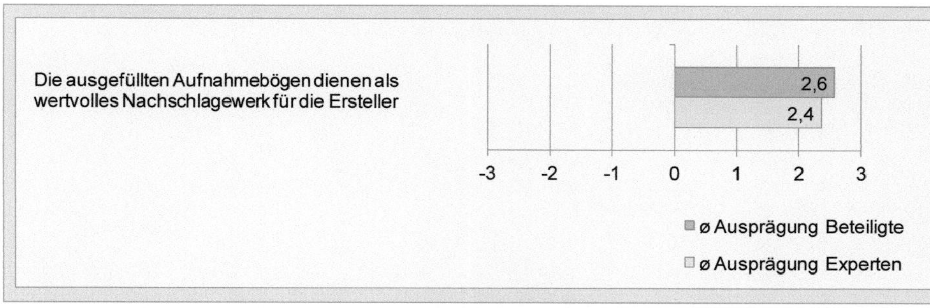

Abbildung 6.10: Ergebnis der Expertenbefragung - Nachschlagewerk

Durch die, aus den zuvor beschriebenen Effekten der Wirksamkeit resultierende, erfolgreiche und detaillierte Erfassung (sowohl schriftlich als auch kognitiv) aller zur Handlung erforderlichen tätigkeitsleitenden Sachverhalte, ist ein Zuwachs an Qualifikation des anzulernenden Mitarbeiters zu erwarten, der ihn befähigt, Handlungen sicherer und zielgerichteter auszuführen sowie kritische Situation besser zu meistern.

Diese Erwartungen konnten anhand der Vorversuche sowie durch die Expertenbefragung bestätigt werden (vgl. Abbildung 6.11). Die an den Vorversuchen beteiligten Mitarbeiter gaben an, einen Qualifikationszuwachs durch die Anwendung der Methode als anzulernender Mitarbeiter bei sich selbst bzw. als erfahrener Mitarbeiter oder Teamleiter an dem anzulernenden Mitarbeiter erlebt zu haben. Die Einschätzungen der nicht an den Vorversuchen beteiligten Experten bekräftigen den Zuwachs an Qualifikation sowohl aus organisatorischer als auch aus betriebspädagogischer Sicht mit einem durchschnittlichen Zustimmungsgrad von 2,3 Punkten.

Weiterhin wurde sowohl von den Beteiligten die sicherere und zielgerichtetere Prozess- und somit Handlungsausführung des anzulernenden Mitarbeiters sowie die positive Veränderung bei der Bewältigung kritischer Situationen bei den Vorversuchen erlebt und in der Befragung bestätigt, als auch durch die Einschätzung der Experten bekräftigt.

Die aufgeführten, sich gegenseitig bedingenden Effekte der Wirksamkeit der Methode für die anwendenden Mitarbeiter führen schließlich zur Befähigung des anzulernenden Mitarbeiters zu effizientem und zielgerichtetem Handeln im Arbeitsprozess.

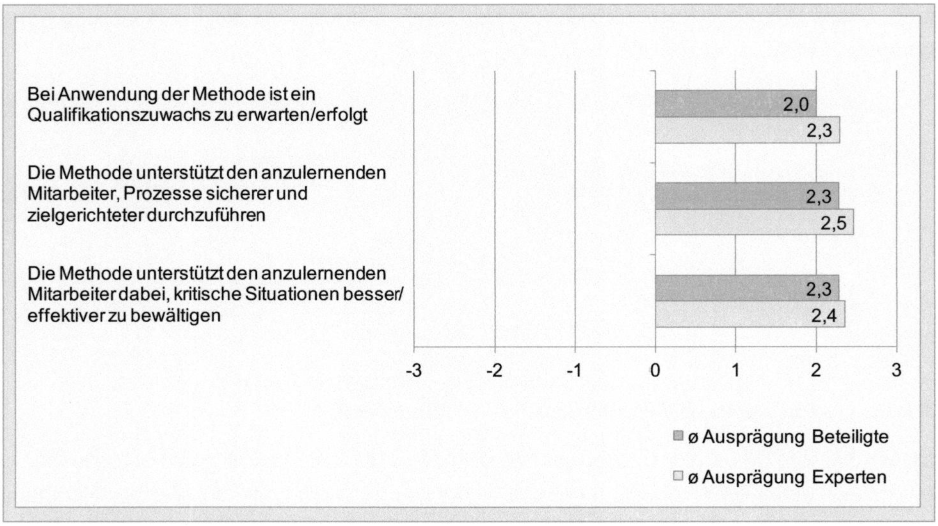

Abbildung 6.11: Ergebnis der Expertenbefragung - Zuwachs an Qualifikation

6.2.4 Ziele und Erwartungen an die Wirksamkeit für den Anlernprozess

Aufbauend auf den in Kapitel 6.2.3 erläuterten Effekten der Wirksamkeit für den anzulernenden und erfahrenen Mitarbeiter weist die Methode positive Effekte für den Prozess des Anlernens auf. Einen positiven Effekt stellt die Systematisierung des Anlernprozesses dar.

Durch die der Methode immanenten systematischen Vorgehensweise der Zielegliederung, Vorwegnahme der durchzuführenden Handlung, Beobachtung und Befragung bei Durchführung der Handlung sowie Reflektion der aufgenommenen Wissensinhalte, erhält der Anlernprozess eine einheitliche, strukturierte Vorgehensweise. Hierdurch können individuelle Differenzen der Kommunikationsstruktur und der variierenden gelebten Anlernmethoden ausgeglichen und systematisiert werden. Eine leitende Funktion zur systematischen Erfassung und Übertragung der Wissensinhalte nehmen dabei die in den partizipativen Gruppenrunden gemeinsam erstellten Aufnahmebögen ein. Das Erfordernis einer systematischen Vorgehensweise, die mit der Methode einhergehende Systematik sowie die daraus resultierenden positiven Effekte, wurden bereits in den vorangegangenen Erläuterungen ausgiebig diskutiert und werden deshalb an dieser Stelle nicht erneut (detailliert) aufgenommen.

Die Systematisierung des Anlernprozesses durch die Anwendung der Methode wurde sowohl durch die an den Vorversuchen beteiligten Mitarbeiter als auch aus Expertensicht innerhalb der Expertenbefragung bestätigt (vgl. Abbildung 6.12)

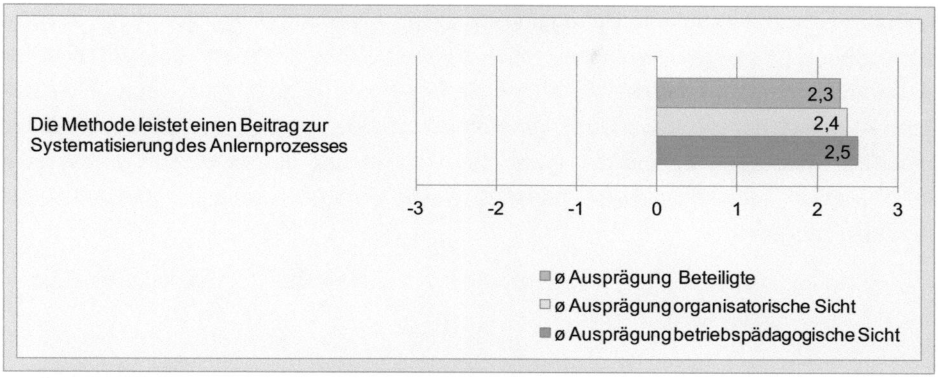

Abbildung 6.12: Ergebnis der Expertenbefragung - Systematisierung Anlernprozess

Ein weiterer Effekt der Wirksamkeit für den Anlernprozess resultiert aus der Verkürzung der Anlernzeit. Basierend auf der Systematik, der bereits erläuterten erhöhten Detailfähigkeit und der vertieften Nachfragen, können die zur Handlungsdurchführung erforderlichen Wissensteilgebiete systematisch durch den anzulernenden Mitarbeiter, sowohl schriftlich als auch kognitiv, erfasst sowie auf andere Handlungen übertragen werden. Die systematische Vorgehensweise und gezielte Wissensübertragung befähigen den anzulernenden Mitarbeiter schneller zum zielgerichteten und selbstständigen Handeln im Arbeitsprozess, wodurch eine zeitliche Verkürzung des Anlernprozesses erzielt wird. Die Reduktion der Anlernzeit wurde sowohl aus der Sicht der Beteiligten als auch aus organisatorischer und betriebspädagogischer Sicht bestätigt (vgl. Abbildung 6.13).

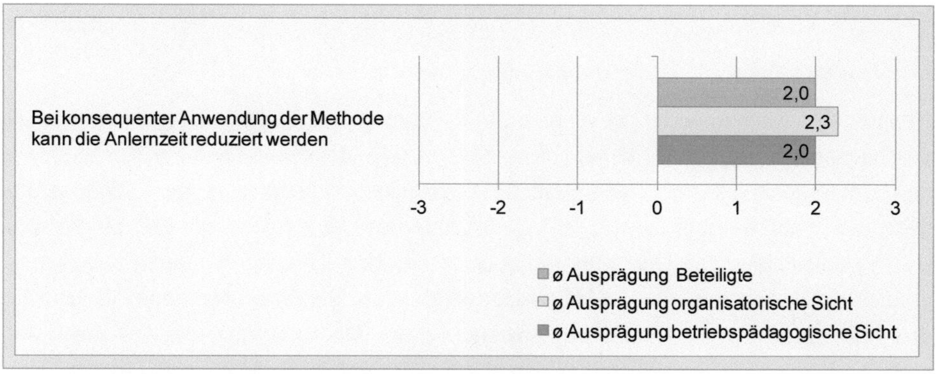

Abbildung 6.13: Ergebnis der Expertenbefragung - Reduzierung Anlernzeit

Die Auswertung der Expertenbefragung zeigt, dass von allen Befragten eine deutliche Reduktion der Anlernzeit bei Anwendung der Methode erwartet wird. Die Einschätzungen liegen bei durchschnittlich 25,8% Verkürzung der bisherigen Anlernzeit aus betriebspädagogischer Sicht, bei 22,1% aus der Sicht der Beteiligten und bei 19,8% aus organisatorischer Sicht, was eine durchschnittliche erwartete Verkürzung der Anlernzeit von 22,0% bezogen auf alle Befragten ergibt (vgl. Abbildung 6.14). Von den Befragten angegebene prozentuale Spannen (bspw. erwartete Verkürzung von 25-30%) sind bei Auswertung mit dem Mittelwert (27,5%) in die Bewertung eingegangen. Der erhöhte zeitliche Aufwand, der bei Anwendung der Methode aus den partizipativen Gruppenrunden resultiert, wurde bei Angabe der erwarteten Reduzierung bereits durch die Befragten berücksichtigt, so dass die angegebenen Werte die tatsächlich erwartete Verkürzung der Anlernzeit abbilden.

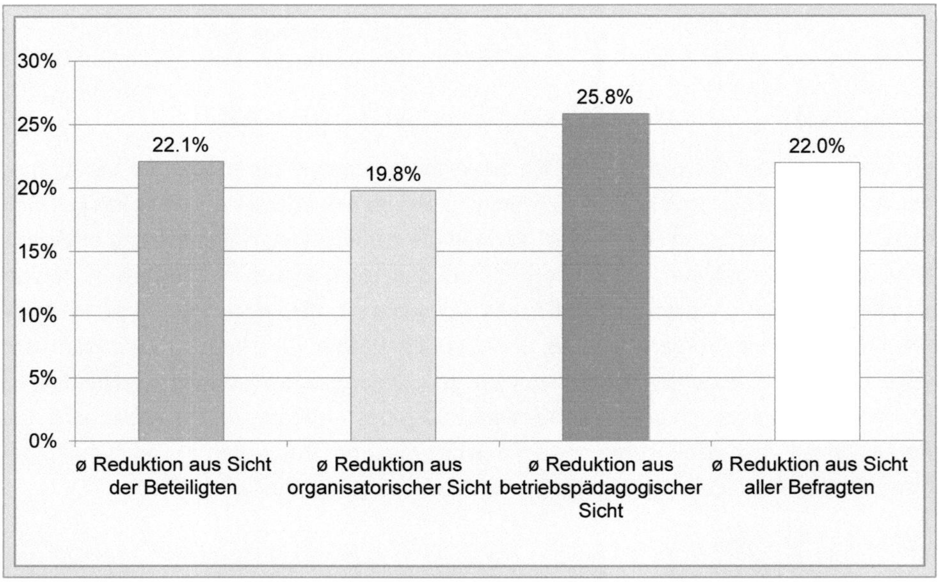

Abbildung 6.14: Ergebnis der Expertenbefragung - Durchschnittliche Reduktion der Anlernzeit

Gespräche mit anlernenden Mitarbeitern und Führungskräften haben ergeben, dass die durchschnittliche Anlernzeit eines jungen Mitarbeiters, der direkt nach der Ausbildung in den Untersuchungsbereich (Senkrechtdrehmaschinenbedienung in der Gehäusefertigung) wechselt, bei fünf Jahren liegt. Unter Anlernzeit wird hierbei die Zeit bis zur vollständig selbstständigen Durchführung aller anfallenden Arbeitshandlungen am Arbeitsplatz durch den anzulernenden Mitarbeiter verstanden. Bei einer erwarteten Verkürzung des Anlernprozesses von 22% bei Anwendung der Methode kann die Anlernzeit entsprechend von durchschnittlich 60 Monate auf durchschnittlich 47 Monate reduziert werden.

Bei Mitarbeitern, die aus weiteren spanenden Fertigungsbereichen innerhalb des Untersuchungsbereich angelernt werden, liegt die durchschnittliche Anlernzeit bei ca. 12 bis 36 Monaten, in Abhängigkeit der bisher bearbeiteten Produkte und bedienten Maschinen. Bei Anwendung der Methode kann diese Anlernzeit entsprechend auf 9 bis 28 Monate reduziert werden.

Die Ergebnisse der Vorversuche sowie die sehr zeitnah zur Methodenanwendung beobachteten positiven Effekte der Wirksamkeit für den anzulernenden Mitarbeiter lassen darauf schließen, dass die von den Experten angegebenen Erwartungen zur Reduzierung der Anlernzeit eher zurückhaltend formuliert wurden. Aufgrund des Erkenntnisgewinns im Untersuchungsbereich ist nach Einschätzung des Autors eine tatsächliche durchschnittliche Reduzierung von 35% - 40% zu erwarten.

6.2.5 Ziele und Erwartungen an die Wirksamkeit für die Organisation

Bedingt durch die positiven Effekte der Wirksamkeit für den anzulernenden Mitarbeiter sowie die Systematisierung und Verkürzung des Anlernprozesses ergeben sich positive Effekte für die Organisation als Ganzes.

Durch die Systematik der Methode sowie die verkürzten Anlernzeiten können Mitarbeiter schneller an neuen oder zusätzlichen Arbeitsplätzen angelernt und eingesetzt werden. Der Anlernprozess kann sich dabei auf alle an dem Arbeitsplatz anfallenden Arbeitshandlungen beziehen oder bestimmte Tätigkeitsbereiche (bspw. Spannen des Bauteils) umfassen. Durch die Flexibilisierung der Mitarbeiter können Auslastungsspitzen abgefangen sowie Abwesenheiten von Mitarbeitern bspw. bei Urlaub oder Krankheit und die daraus resultierenden zeitlichen Verluste und Maschinenstillstände kompensiert werden.

Weiterhin werden bei Anwendung der Methode das bewusste Spezial- und Erfahrungswissen sowie die damit verbundenen impliziten Wissensbestandteile des erfahrenen Mitarbeiters systematisch durch den anzulernenden Mitarbeiter erfasst und somit auf den anzulernenden Mitarbeiter übertragen. Durch die Erfassung und Übertragung der Wissensinhalte kann das wertvolle Spezial- und Erfahrungswissen des erfahrenen Mitarbeiters im Unternehmen gehalten und das Risiko eines Wissensverlustes bei Ausscheiden des erfahrenen Mitarbeiters minimiert werden.

Auch die Fachkompetenz als „Fähigkeit, fachbezogenes und fachübergreifendes Wissen zu verknüpfen, zu vertiefen, kritisch zu prüfen sowie in Handlungszusammenhängen anzuwenden“ (Bartscher, Nissen 2018), welches aufgrund der variierenden Produkte und nicht standardisierten Prozessbedingungen vor allem in der Einzelfertigung von immenser Bedeutung ist, kann bei Anwendung der Methode dem Unternehmen erhalten bleiben. Neben der Übertragung der einzelnen Wissensinhalte des erfahrenen Mitarbeiters auf den unerfahrenen Mitarbeiter werden Verknüpfung und Anwendung dieser Inhalte auf den anzulernenden Mitarbeiter übertragen, sowie durch Hinterfragung des Gründewissens und die erhöhte Detailfähigkeit des anzulernenden Mitarbeiters seine Fachkompetenz auf- und ausgebaut.

Die Wirksamkeit der erarbeiteten Methode für die Organisation als Ganzes wurde von allen Befragten im Experteninterview bestätigt (vgl. Abbildung 6.15). Die Befragten gaben sowohl aus der Sicht der Beteiligten als auch aus organisatorischer und betriebspädagogischer Sicht an, dass die Methode einen wichtigen Beitrag zum Erhalt der Fachkompetenz, der schnelleren Flexibilisierung der Mitarbeiter sowie zur Reduzierung des Wissensverlustes beim Ausscheiden erfahrener Mitarbeiter beiträgt.

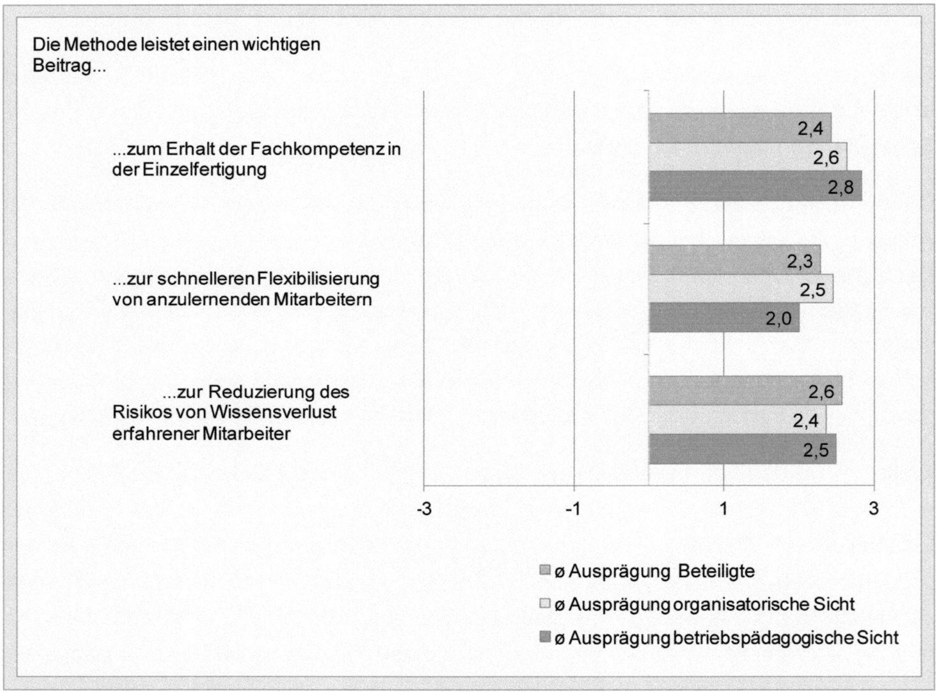

Abbildung 6.15: Ergebnis der Expertenbefragung - Wirksamkeit der Methode für die Organisation

7 Kritische Würdigung und Ausblick

Abschließend sollen die Ergebnisse der Arbeit hinsichtlich ihrer Anwendbarkeit, Wirksamkeit, Grenzen und Potenziale diskutiert werden. Hierzu soll die entwickelte Methode zur Übertragung des Spezial- und Erfahrungswissens erfahrener Mitarbeiter in der Einzelfertigung in Hinsicht auf die Erreichung gesetzter Ziele und Erwartungen überprüft sowie anschließend die Grenzen und mögliche praxisnahe Erweiterungen der Methode diskutiert werden.

7.1 Kritische Würdigung

Die bei Entwicklung der Methode definierten Anforderungen sowie die hierauf aufbauenden erwarteten Ziele und Erwartungen zur multifaktoriellen Wirksamkeit bei Anwendung der Methode sind in Abbildung 7.1 zusammenfassend dargestellt.

Grundlegende Ziele und Erwartungen zur Anwendbarkeit der Methode

Die grundlegenden Ziele zur Anwendung der Methode, welche die Verständlichkeit der Methode, Anwendbarkeit ohne arbeitspsychologische Kenntnisse und Integrierbarkeit in den Alltag des Anlernens umfassen, sind vollumfänglich erreicht. Sowohl die an den Vorversuchen beteiligten Mitarbeiter als auch Experten, denen die Methode und Vorgehensweise erläutert wurde, gaben an, diese verstanden zu haben und anwenden zu können. Arbeitspsychologische Kenntnisse sind in diesem Zusammenhang nicht erforderlich. Die Integrierbarkeit in den Arbeitsalltag wurde ebenfalls sowohl durch die Vorversuche als auch durch die Expertenbefragung bestätigt. Die Methode bietet somit eine verständliche und einfache Anwendbarkeit und ist mit nur geringem Schulungsaufwand durch Mitarbeiter im Fertigungsbereich der Einzelfertigung verwendbar.

Ziele und Erwartungen zum partizipativen Gruppenprozess

Der partizipative Gruppenprozess bildet das Fundament für die Wirksamkeit der Methode in den Wirkungsbereichen „Mitarbeiter“, „Anlernprozess“ und „Organisation“. Ziele des Gruppenprozesses sind zum einen die Schaffung eines grundlegenden Verständnisses für die Erfordernis einer Methode zur Optimierung des Wissenstransfers sowie der Auf- und Ausbau von Motivation und Akzeptanz der beteiligten Mitarbeiter, zum anderen die Spezifizierung der Referenzmethode, deren Anpassung an die Gegebenheiten des Einsatzbereiches sowie die Integration weiterer wichtiger Wissensinhalte und Informationen für den Arbeitsbereich.

Grundlegende Ziele und Erwartungen zur Anwendbarkeit der Methode

Verständlichkeit der Methode für Beteiligte
Anwendbarkeit ohne arbeitspsychologische Kenntnisse
Integrierbarkeit in den Arbeits-/ Anlernalltag

Ziele und Erwartungen zum partizipativen Gruppenprozess als Fundament der Wirksamkeit

Schaffung eines grundlegenden Verständnisses
Schaffung und Steigerung von Akzeptanz und Motivation der Beteiligten und Anwendenden
Spezifizierung der Referenzmethode durch Anpassung an Arbeitsplätze
Präzisierung der Wissensteilgebiete aus Referenzmethode
Integration weiterer für den Arbeitsbereich wichtiger Informationen und Wissensteilgebiete

Ziele und Erwartungen zur Wirksamkeit für die anwendenden Mitarbeiter

Unterstützung Wissenstransfer im Anlernprozess durch Systematik der Methode
Bewusstwerden zu erreichender Ziele und Teilziele
Verbesserung der Kommunikation in Bezug auf die zu übertragenden Wissensinhalte
Vertiefung der Nachfragen in Bezug auf Handlungsdurchführung und Gründe
Erhöhung des Detaillierungsgrades der erfassten Inhalte durch den anzulernenden Mitarbeiter
Bewusstwerden „selbstverständlicher" und unbewusster Inhalte von Wissensteilgebieten
Erfassung aller zur Handlung befähigenden tätigkeitsleitenden Sachverhalte und ZBM-Strukturen sowie Auf- und Ausbau von OAS
Nachschlagewerk bei Ausführung seltener oder langer Zeit nicht durchgeführter Prozesse
Übertragung der Wissensteilgebiete auf weitere Handlungen
Zuwachs an Qualifikation
Zielgerichtetere und sicherere Prozessdurchführung
Unterstützung bei der Bewältigung kritischer Situationen
Befähigung des Anzulernenden zu effizientem und zielgerichtetem Handeln im Arbeitsprozess

Ziele und Erwartungen zur Wirksamkeit für den Anlernprozess

Systematisierung des Wissenstransfers im Anlernprozess
Reduzierung der Anlernzeiten (Zeiten zur selbstständigen Durchführung der Prozesse)

Ziele und Erwartungen zur Wirksamkeit für die Organisation als Ganzes

Schnellere Flexibilisierung der Mitarbeiter
Erhalt von Fachkompetenz
Reduzierung des Risikos des Wissensverlustes erfahrener Mitarbeiter

Abbildung 7.1: Ziele und Erwartungen zur Wirksamkeit der Methode

Die Vorversuche in den partizipativen Gruppenrunden in der Dampfturbinenfertigung haben gezeigt, dass durch die partizipative Erarbeitung der spezifischen Methode und Aufnahmebögen die anfänglich vorhandene Skepsis ausgeräumt und die Motivation zur Mitarbeit gesteigert werden konnten. Durch den offenen Umgang mit Fragen, die gleichberechtigte Beteiligung sowie den Einbezug von Wünschen der Beteiligten konnten die Bedenken der Mitarbeiter ausgeräumt und eine hohe Akzeptanz geschafft werden.

Weiterhin konnten die Referenzmethode sowie der Referenzaufnahmebogen durch das systematische Vorgehen in den partizipativen Gruppenrunden sowie die leitende Funktion des Moderators spezifiziert, an die Gegebenheiten des Einsatzbereiches angepasst und weitere, den Arbeitsbereich betreffende Wissensinhalte und Informationen integriert werden.

Durch die Spezifizierung der Referenzmethode an die vorliegenden Gegebenheiten der Einsatzbereiche innerhalb der partizipativen Gruppenrunden ist die erarbeitete Methode in allen Fertigungsbereichen der Einzelfertigung, in denen die Übertragung des Spezial- und Erfahrungswissens erfahrener Mitarbeiter verfolgt wird, einsetzbar.

Ziele und Erwartungen zur Wirksamkeit für die anwendenden Mitarbeiter

Aufbauend auf sich gegenseitig bedingenden und aufeinander aufbauenden Effekten der Wirksamkeit, stellt die Befähigung des anzulernenden Mitarbeiters zu effizientem und zielgerichtetem Handeln im Arbeitsprozess durch Anwendung der erarbeiten Methode das oberste Ziel der Wirksamkeit für die anwendenden Mitarbeiter dar. Die Erreichung dieses Ziels konnte sowohl durch die Vorversuche als auch durch die Expertenbefragungen bestätigt werden.

Basis der Wirksamkeit bildet hierbei die standardisierte und systematische Vorgehensweise der Methode, welche verkürzt wie folgt dargestellt werden kann: Gliederung des Arbeitsvorgangs, gemeinsame Durchsprache der Wissensinhalte der auszuführenden Handlung, Beobachtung und Befragung bei Handlungsdurchführung und anschließende Reflektion der erfassten Inhalte. Die erarbeiteten Aufnahmebögen nehmen hierbei eine leitende Funktion in Bezug auf die Wissensinhalte ein.

Bedingt durch die Gliederung des nächsten auszuführenden Arbeitsvorgangs werden die meist inhaltlich und zeitlich sehr weit gefassten Vorgaben aus den Arbeitsplänen in überschaubare Handlungen zerlegt und dem anzulernenden Mitarbeiter die Ziele und Teilziele der durchzuführenden Handlungen vergegenwärtigt.

Durch die wissensfokussierte Kommunikationsstruktur der Methode und die inhaltliche Leitung durch die Systematik der Aufnahmebögen sind die Mitarbeiter angehalten, vor, während und nach der Handlungsdurchführung in Bezug auf die Wissensinhalte zu kommunizieren. Hierdurch konnten eine Verbesserung der Kommunikation im Hinblick auf die Wissensinhalte sowie eine tiefergehende Hinterfragung der Wissensinhalte der Handlungsdurchführung und deren Gründe durch den anzulernenden Mitarbeiter beobachtet werden. Die tiefergehende Fokussierung der Wissensinhalte und vertiefte Kommunikation führt zu einer erhöhten Detailfähigkeit des anzulernenden Mitarbeiters, welche sich im Detaillierungsgrad der erfassten Wissensinhalte widerspiegelt. Die sowohl kognitive als auch schriftliche Detaillierung der erfassten Wissensinhalte konnte in den Vorversuchen anhand der Sichtung der ausgefüllten Aufnahmebögen sowie anhand der Erläuterung der Handlungsausführung durch die anzulernenden Mitarbeiter bestätigt werden.

Die erhöhte Detailfähigkeit des anzulernenden Mitarbeiters spiegelt sich sowohl im Detaillierungsgrad der Nachfragen als auch in der detaillierteren Beobachtungsgabe bei Beobachtung der durch den erfahrenen Mitarbeiter durchgeführten Handlungen wider. Die Handlungen werden tiefergehend hinterfragt und beobachtet sowie die einzelnen Wissensinhalte in der gemeinsamen Reflektion tiefergehend diskutiert, so dass neben den expliziten und durch den erfahrenen Mitarbeiter aussagbaren Wissensinhalten auch die unbewussten, impliziten Wissensteilgebiete fokussiert und durch den anzulernenden Mitarbeiter erfasst werden können. Somit werden, geleitet durch die Systematik der Aufnahmebögen, alle tätigkeitsleitenden Sachverhalte des Ziele-, Bedingungs- und Maßnahmenwissens sowie des Gründe-wissens durch den anzulernenden Mitarbeiter erfasst, die erforderlichen ZBM-Strukturen zur erfolgreichen Handlungsdurchführung übertragen sowie vorhandene OAS ausgebaut bzw. neue OAS generiert. Durch die systematische Erfassung der einzelnen Wissensinhalte sowie deren Belegung mit Begründungen können die Wissensinhalte durch den anzulernenden Mitarbeiter auf weitere Handlungen übertragen und genutzt werden.

Durch die Systematik der Aufnahmebögen sowie der Verschriftlichung der erfassten Wissensinhalte durch den anzulernenden Mitarbeiter dienen die Aufnahmebögen als wertvolles Nachschlagewerk.

Die detaillierte und systematische Erfassung und Übertragung aller erforderlichen impliziten und expliziten Wissensinhalte des erfahrenen Mitarbeiters zur Durchführung der Arbeitshandlungen führen zu einem Zuwachs an Qualifikation des anzulernenden Mitarbeiters, der sich durch die zielgerichtetere und sicherere Prozessdurchführung sowie effizientere Bewältigung kritischer Situationen zeigt. Der Zuwachs an Qualifikation wurde sowohl in den Vorversuchen als auch durch die Befragung der beteiligten Mitarbeiter und Experten bestätigt.

Durch die genannten und aufeinander aufbauenden Effekte der Wirksamkeit wird durch Anwendung der Methode das umfangreiche Spezial- und Erfahrungswissen des erfahrenen Mitarbeiters gehoben, durch den anzulernenden Mitarbeiter erfasst, auf diesen übertragen und der anzulernende Mitarbeiter zu effizientem und zielgerichtetem Handeln im Arbeitsprozess befähigt.

Ziele und Erwartungen zur Wirksamkeit für den Anlernprozess

Interviews mit Experten der Fertigungsbereiche haben gezeigt, dass die Wissensübertragung im Anlernprozess aufgrund fehlender didaktischer und arbeitspsychologischer Kompetenzen individuell gehandhabt wird und „nach bestem Wissen und Gewissen“ der erfahrenen Mitarbeiter erfolgt. Bedingt durch die aus der erarbeiteten Methode hervorgehende Systematik erhält die Wissensübertragung im Anlernprozess eine einheitliche, strukturierte Vorgehensweise, durch die individuelle Differenzen der Kommunikationsstruktur ausgeglichen sowie die individuell variierenden Anlernmethoden systematisiert werden.

Die systematische Vorgehensweise bei Anwendung der Methode sowie die bereits erläuterten Wirksamkeiten für den anzulernenden Mitarbeiter führen zu einer gezielten Wissensübertragung und befähigen den anzulernenden Mitarbeiter somit schneller zum effizienten und zielgerichteten Handeln im Arbeitsprozess. Hierdurch wird eine zeitliche Verkürzung des Anlernprozesses erzielt, welche sowohl aus der Sicht der Beteiligten als auch aus organisatorischer und betriebspädagogischer Sicht bestätigt wurde. Die befragten Experten schätzten die durchschnittliche Reduktion der Anlernzeit mit 22% ein. Basierend auf den Ergebnissen der Vorversuche sowie den sehr zeitnah zur Methodenanwendung beobachtbaren positiven Effektiven der Wirksamkeit für die anzulernenden Mitarbeiter wird jedoch eine Reduzierung von durchschnittlich 35%-40% erwartet.

Ziele und Erwartungen zur Wirksamkeit für die Organisation als Ganzes

Die Methode zeigt sich als effizientes Werkzeug zur Übertragung des Spezial- und Erfahrungswissens erfahrener Mitarbeiter im Anlernprozess. Durch die aus der Methode resultierende Verkürzung der Anlernzeit können anzulernende Mitarbeiter schneller an ihrem geplanten Einsatzort sowie flexibler an verschiedenen Einsatzorten angelernt und eingesetzt werden. Dies führt zu einer flexibleren Einsatzmöglichkeit der Mitarbeiter, so dass Auslastungsspitzen und Abwesenheiten erfahrener Mitarbeiter ausgeglichen werden können.

Durch die systematische Hebung und den gezielten Transfer der tätigkeitsleitenden Sachverhalte und gespeicherten ZBM-Strukturen der OAS des erfahrenen Mitarbeiters kann das wertvolle Spezial- und Erfahrungswissen des erfahrenen Mitarbeiters auf den anzulernenden Mitarbeiter übertragen und im Unternehmen gehalten werden. Das Risiko des Wissensverlustes bei Ausscheiden erfahrener Mitarbeiter wird reduziert, sowie die wertvolle Fachkompetenz zum Erhalt und zum Ausbau von Wettbewerbsvorteilen dem anwendenden Unternehmen erhalten. Die Methode bietet somit einen wertvollen systematischen Beitrag zur Optimierung des Wissenstransfers in der Einzelfertigung.

7.2 Grenzen der Methode

Die Grenzen des effektiven Einsatzes und somit für die Wirksamkeit der Methode ergeben sich aus den erforderlichen organisatorischen Rahmenbedingungen im Einsatzbereich sowie aus dem Erfordernis der aktiven Mitarbeit der Anwendenden.

Zu den erforderlichen organisatorischen Rahmenbedingungen zählen unter anderem die Zustimmung und die Unterstützung der Arbeitnehmervertretung sowie der Leitung des Einsatzbereiches. Nach dem Betriebsverfassungsgesetz besitzt die Arbeitnehmervertretung ein Mitbestimmungsrecht bei Einsatz und Anwendung der entwickelten Methode, so dass die Anwendung schlimmstenfalls durch die Arbeitnehmervertretung gestoppt werden kann. Die Arbeitnehmervertretung ist somit auf jeden Fall bei Einsatz der Methode zu involvieren. Weiterhin sollten die Wichtigkeit der Thematik zur Erhaltung des Spezial- und Erfahrungswissens erfahrener Mitarbeiter sowie die Anwendung der Methode von Arbeitnehmervertretung und Leitung des Einsatzbereiches vertreten werden, da es erfahrungsgemäß schwierig oder teilweise nicht möglich ist, Mitarbeiter zur Mitwirkung an Themen zu motivieren, die nicht durch Arbeitnehmervertretung und Bereichsleitung die erforderliche Relevanz erfahren.

Weitere erforderliche Rahmenbedingungen stellen neben der Bereitstellung der räumlichen und zeitlichen Kapazitäten zur Durchführung der partizipativen Gruppenrunden auch die Wahl und Verfügbarkeit eines geeigneten Moderators dar. Die partizipativen Gruppenrunden bilden durch die Schaffung eines grundlegenden Verständnisses, durch Motivation der Beteiligten zu Mitarbeit und Anwendung sowie durch die gemeinsame Erarbeitung der spezifischen Methode und Aufnahmebögen, das Fundament für die Wirksamkeit. Fehlende zeitliche Kapazitäten zur Identifikation der Beteiligten mit der Thematik sowie zur kontinuierlichen Anpassung der Aufnahmebögen bergen die Gefahr der fehlenden Identifikation der Beteiligten mit den Ergebnissen und entsprechender Demotivation zu Anwendung und Mitwirkung sowie ggf. dazu, dass relevante Wissensteilgebiete oder weitere wichtige Inhalte zur erfolgreichen Handlungsdurchführung im Arbeitsbereich nicht in die Aufnahmebögen integriert werden. Bei Wahl eines ungeeigneten Moderators, der nicht mit der Methode und den Zielen der partizipativen Gruppenrunden vertraut ist, besteht die Gefahr, dass die spezifische Methode nicht alle relevanten Prozessschritte enthält oder der Aufnahmebogen nicht alle erforderlichen Wissensteilgebiete aus der Referenzmethode abdeckt und somit die Wirksamkeit der Methode beeinträchtigt werden kann.

Eine weitere mögliche Grenze ergibt sich durch das Erfordernis der aktiven Mitarbeit der Beteiligten. Akzeptanz, Motivation zur Anwendung und Mitarbeit durch Schaffung eines grundlegenden Verständnisses sowie durch Ausräumen von Bedenken und Ängsten sind elementare Bestandteile der partizipativen Gruppenrunden. In Anwendungsbereichen, die sich durch besonders hohe Skepsis oder gar Ablehnung der Mitarbeiter der Thematik gegenüber auszeichnen, sollten ggf. zusätzlich extrinsische Motivationsfaktoren wie bspw. die Verleihung eines bestimmten Status oder die Verknüpfung mit einem monetären Bonus implementiert werden. Grenzen der Methode ergeben sich in diesem Zusammenhang für den außergewöhnlichen Fall der absoluten Weigerung eines Beteiligten zu Mitarbeit und Anwendung. In diesem Fall müssten methodenexterne Maßnahmen getroffen werden sowie ggf. ein Austausch des Beteiligten stattfinden.

7.3 Ausblick und Entwicklungspotenzial

Die entwickelte Methode zur Optimierung des Wissenstransfers in der Einzelfertigung hat ihre Effizienz für den anzulernenden Mitarbeiter, den Anlernprozess sowie die Organisation als Ganzes erwiesen. Durch die systematische Vorgehensweise konnte das Spezial- und Erfahrungswissen des erfahrenen Mitarbeiters gehoben, auf den anzulernenden Mitarbeiter übertragen und dieser zum effizienten und zielgerichteten Handeln im Arbeitsprozess befähigt werden. Hierdurch können Anlernzeiten reduziert sowie das wertvolle Wissen im Unternehmen gehalten werden.

Aufgrund der betrieblichen Gegebenheiten im Untersuchungsbereich bei Entwicklung und Einsatz der Methode in den Vorversuchen konnte eine langfristige Evaluierung der Wirksamkeiten nicht durchgeführt werden. Eine Bestätigung der Ergebnisse sowie die Ermittlung der tatsächlichen Reduzierung der Anlernzeit sollte im Nachgang anhand der Evaluierung in vergleichenden Langzeitstudien erfolgen.

Neben dem Auf- und Ausbau von Akzeptanz und Motivation der Beteiligten stellt die Spezifizierung der Referenzmethode und Anpassung an die Gegebenheiten des Einsatzbereiches in den partizipativen Gruppenrunden einen fundamentalen Bestandteil zur Wirksamkeit der Methode dar. Die zielführende Leitung der partizipativen Gruppenrunden sowie die Sicherstellung der Abdeckung aller erforderlichen tätigkeitsleitenden Sachverhalte in den spezifischen Aufnahmebögen durch den Moderator sind hierbei elementar. Neben den fachlichen und methodischen Kompetenzen im Bereich der Moderation sollte der Moderator daher auch tiefgehende Kenntnisse über Aufbau und Inhalt der Methode sowie über die Ziele des partizipativen Gruppenprozesses aufweisen. Die Erstellung einer entsprechenden standardisierten Schulung zur Ausbildung des Moderators in der entwickelten Methode ist für den verbreiteten Einsatz in der Einzelfertigung wünschenswert.

In den Vorversuchen wurden zur schriftlichen Erfassung der übertragenen Wissensinhalte zunächst vorgedruckte Aufnahmebögen in Papierform verwendet, die durch die anzulernenden Mitarbeiter handschriftlich ausgefüllt wurden. Diese verblieben, um der Angst vor Wissensenteignung durch Wissensverlagerung entgegen zu wirken, beim anzulernenden Mitarbeiter. Im Zeitalter der Digitalisierung und im Zuge der Industrie 4.0 sollte hier, in einer weiterführenden Arbeit, eine digitale Lösung zur Erfassung der Wissensinhalte entwickelt werden. Eine mögliche Umsetzung bietet die Entwicklung einer Applikation für mobile Geräte wie Smartphones oder Tablets, in der die zu erfassenden Wissensteilgebiete aus den Aufnahmebögen vorgegeben und durch den anzulernenden Mitarbeiter mit den erfassten Wissensinhalten gefüllt werden. Durch die Implementierung einer automatisierten Vollständigkeitsprüfung könnte sichergestellt werden, dass alle erforderlichen Wissensteilgebiete erfasst sind. Mittels intelligenter Such- und Übertragungsalgorithmen, die in Zusammenarbeit mit den erfahrenen Mitarbeitern der jeweiligen Fertigungsbereiche entwickelt werden sollten, können die erfassten Wissensinhalte auf weitere Arbeitshandlungen übertragen werden. Durch eine personifizierte Anmeldung sowie der gezielten Vergabe von Zugriffsrechten kann sichergestellt werden, dass dem anzulernenden Mitarbeiter die Aufnahmebögen für seinen Einsatzbereich und seine eigenen erfassten Inhalte zugänglich gemacht werden, sowie der Zugriff auf die erfassten Inhalte nur dem gewünschten Mitarbeiterkreis möglich ist.

Ein weiteres Entwicklungspotenzial ergibt sich im Hinblick auf die in Kapitel 3 entwickelte Systematik zur Abgrenzung des Untersuchungsbereichs. Mittels der entwickelten Erfahrungserwartungskennzahl können Arbeitsplätze innerhalb des Fertigungsbereiches abgegrenzt werden, die ein hohes Maß an Erfahrungswissen erwarten lassen. Durch Automatisierung der Systematik sowie Weiterentwicklung durch den dynamischen Einbezug von Fertigungsauftragsbestand und personellen Änderungen bietet die Systematik einen wertvollen Beitrag zur dynamischen und anforderungsspezifischen Priorisierung des Einsatzes der Methode. Hierdurch können anstehende Mitarbeiterabgänge in erfahrungsreichen Arbeitsbereichen identifiziert werden und durch frühzeitigen Einsatz der Methode das Spezial- und Erfahrungswissen des abgehenden Mitarbeiters gehoben und übertragen werden. Mittels Integration einer intelligenten Verknüpfung von zu fertigenden Produkten mit den hierzu durchzuführenden Prozessen und Handlungen wäre frühzeitig erkenntlich, welche Handlungen in naher Zukunft erforderlich sind, so dass hier durch frühzeitige Nutzung der Methode eine zielgerichtete Qualifizierung der Mitarbeiter durch die methodische Wissensübertragung erfolgen könnte.

8 Zusammenfassung

Basierend auf den charakteristischen Eigenschaften der Einzelfertigung wie geringe Arbeitsteilung, große Arbeitsinhalte, wenig detaillierte Arbeitsvorgaben sowie komplexe Prozesse und Produkte, stellt das umfangreiche Spezial- und Erfahrungswissen erfahrener Mitarbeiter in der Einzelfertigung ein kritisches Erfolgspotenzial für den Erhalt der Wettbewerbsfähigkeit sowie für den Auf- und Ausbau von Wettbewerbsvorteilen dar.

Zur Erhaltung dieser wichtigen Ressource im Unternehmen und zur Reduzierung des Risikos des Wissensverlustes bei Ausscheiden erfahrener Mitarbeiter bedarf es effizienter Lösungen zur Hebung und zum Transfer des umfangreichen Spezial- und Erfahrungswissens. Die Handlungserfordernis zur Etablierung geeigneter Methoden verstärkt sich zunehmend durch die Auswirkungen des demographischen Wandels sowie durch die steigende Anzahl personeller Anpassungsmaßnahmen in deutschen Unternehmen.

Übliche Methoden zum Transfer von Wissen, wie sie in der gängigen Literatur anzutreffen sind, sind jedoch aufgrund der charakteristischen Eigenschaften der Einzelfertigung sowie fehlender arbeitspsychologischer Betrachtung zur Erfassung der komplexen Wissensstrukturen erfahrener Mitarbeiter zur erfolgreichen Handlungsdurchführung im Arbeitsprozess nur bedingt geeignet und daher für sich alleine genommen nicht zielführend einsetzbar.

Ziel der Arbeit ist daher die Entwicklung einer Methode zur Hebung und Übertragung des umfangreichen Spezial- und Erfahrungswissens erfahrener Mitarbeiter in der Einzelfertigung. Hierzu wird eine systematische Vorgehensweise entwickelt, die die Hebung der komplexen Wissensstrukturen erfahrener Mitarbeiter zur erfolgreichen Handlungsdurchführung im Arbeitsprozess sowie deren Übertragung auf junge Mitarbeiter ermöglicht.

Zur Entwicklung der Methode werden zunächst die charakteristischen Eigenschaften der Einzelfertigung sowie die Relevanz des Spezial- und Erfahrungswissens erfahrener Mitarbeiter in diesem Bereich herausgearbeitet. Anschließend werden die Grundlagen des Wissensbegriffes fokussiert und analysiert sowie deren spezifische Merkmale untersucht. Zum Verständnis der komplexen Wissensstrukturen erfahrener Mitarbeiter zur erfolgreichen Ausführung von Arbeitshandlungen werden arbeitspsychologische Erkenntnisse der Handlungsregulation analysiert sowie die Beziehung zwischen dem Wissen des erfahrenen Mitarbeiters und dessen Handlungen herausgearbeitet.

Zur Abgrenzung des Untersuchungsbereichs für Anwendung und Validierung der Methode wird, ausgehend von Erfahrungswissen beeinflussender Einflussgrößen, eine Systematik zur Ermittlung von Arbeitsbereichen entwickelt, die ein hohes Maß an Erfahrungswissen erwarten lassen und entsprechende Arbeitsplätze im Untersuchungsbereich der Dampfturbinenfertigung der Siemens AG am Standort Mülheim abgegrenzt.

Die Ermittlung der bisherigen Vorgehensweise im Umgang mit Spezial- und Erfahrungswissen im Untersuchungsbereich erfolgt durch die Erstellung eines retrospektiven Längsschnitts zum Wissenstransfer, indem durch Interviews mit Spezialisten des Untersuchungsbereichs erlebte und gelebte Verfahrensweisen zu Auf-, Ausbau und Übertragung von Spezial- und Erfahrungswissen erfasst werden.

Aufbauend auf den arbeitspsychologischen Erkenntnissen, den Charakteristika der Einzelfertigung sowie unter Einbezug der Spezialisteninterviews werden die Anforderungen an die zu entwickelnde Methode definiert. Basierend auf den Anforderungen erfolgt die Entwicklung einer Methode zur Übertragung des Spezial- und Erfahrungswissens erfahrener Mitarbeiter in der Einzelfertigung. Hierzu wird zunächst eine wissenschaftlich begründete und allgemeingültige Referenzmethode entwickelt, sowie anschließend eine auf der Referenzmethode basierende und an den Einsatzbereich adaptierte spezifische Methode in einem systematisch geleiteten partizipativen Verfahren mit Mitarbeitern des Untersuchungsbereich erarbeitet und angewandt.

Zur Validierung der entwickelten Methode werden die definierten Anforderungen an die Methode um Ziele und Erwartungen zu deren Wirksamkeit ergänzt sowie diese hinsichtlich ihrer Erfüllung anhand der Ergebnisse und Erkenntnisse aus den Vorversuchen und mittels Expertenbefragungen untersucht und bewertet. Abschließend werden die Ergebnisse zusammengefasst, einer kritischen Würdigung unterzogen sowie Grenzen und Weiterentwicklungspotenziale aufgezeigt und diskutiert.

Die im Laufe der Entwicklung und bei Anwendung der Methode erlangten Erfahrungen und erreichten Ergebnisse haben gezeigt, dass die entwickelte Methode die definierten Anforderungen, Ziele und Erwartungen vollständig erfüllt. Die entwickelte Methode zur Übertragung des Spezial- und Erfahrungswisssens erfahrener Mitarbeiter in der Einzelfertigung leistet somit einen wichtigen Beitrag zur Optimierung des Wissenstransfers in der Einzelfertigung und demzufolge zum Erhalt der Wettbewerbsfähigkeit sowie zum Auf- und Ausbau von Wettbewerbsvorteilen.

9 Literaturverzeichnis

Adam 1998:
Adam, D. (1998): Produktionsmanagement. Wiesbaden: Betriebswirtschaftlicher Verlag Dr. Th. Gabler GmbH.

Al-Laham 2003:
Al-Laham, A. (2003): Organisationales Wissensmanagement. Eine strategische Perspektive. München: F. Vahlen.

Amelingmeyer 2002:
Amelingmeyer, J. (2002): Wissensmanagement. Analyse und Gestaltung der Wissensbasis von Unternehmen. Wiesbaden: Dt. Univ.-Verl. (Gabler Edition Wissenschaft: Strategisches Kompetenz-Management).

Anderson 1983:
Anderson, J. R. (1983): The Architecture of cognition. Cambridge, MA: Harvard University Press.

Anderson 1993:
Anderson, J. R. (1993): Rules of the mind. Hillsdale, New York: L. Erlbaum Associates.

Anochin 1967:
Anochin, P. K. (1967): Das funktionelle System als Grundlage der physiologischen Architektur des Verhaltensaktes. Jena: Fischer.

Ashby, Conant 1970:
Ashby, W. R.; Conant, R. C. (1970): Very good regulator of a system must be a model of that system. In: Informatics and Systems Science 1970 (Vol. 1 Nr. 2), S. 89–97.

Bamberg et al. 2012:
Bamberg, E.; Busch, C.; Dettmers, J.; Mohr, G. (2012): Arbeitspsychologie. Göttingen [u.a.]: Hogrefe (Psychlehrbuchplus).

Bartscher, Nissen 2018:
Bartscher, T.; Nissen, R. (2018): Definition des Begriffes „Fachkompetenz“ in: Gabler Wirtschaftslexikon unter: https://wirtschaftslexikon.gabler.de/definition/fachkompetenz-35751/ver-sion-259226 (Revision vom 14.02.2018, abgerufen am 12.08.2019)

Baumgartner 1993:
Baumgartner, P. (1993): Der Hintergrund des Wissens. Vorarbeiten zu einer Kritik der

programmierbaren Vernunft. Klagenfurt: Kärntner Dr.- und Verl.-Ges. (Klagenfurter Beiträge zur bildungswissenschaftlichen Forschung, 26).

Bernstein 1967:
Bernstein, N. A. (1967): The coordination and regulation of movements. Oxford: University Press.

Bernstein 1975:
Bernstein, N. A. (1975): Bewegungsphysiologie. Sportmedizinische Schriftenreihe. Band 9. Leipzig.

Binner 2004:
Binner, H. F. (2004): Handbuch der prozessorientierten Arbeitsorganisation. Methoden und Werkzeuge zur Umsetzung. Darmstadt: REFA Bundesverband e.V.

Blohm et al. 2008:
Blohm, H.; Beer, T.; Seidenberg, U.; Silber, H. (2008): Produktionswirtschaft. Herne: Verlag Neue Wirtschafts-Briefe GmbH & Co. KG.

Böhle, Schulze 1997:
Böhle, F.; Schulze, H. (1997): Subjektivierendes Arbeitshandeln - zur Überwindung einer gespaltenen Persönlichkeit in Wissenschaft wie Praxis. In: Schachtner, C. (Hg.): Technik und Subjektivität. Das Wechselverhältnis zwischen Mensch und Computer aus interdisziplinärer Sicht. Frankfurt am Main: Suhrkamp, S. 26-46.

Böhle et al. 2001:
Böhle, F.; Bauer, H. G.; Munz, C.; Pfeiffer, S. (2001): Kompetenzen für erfahrungsgeleitete Arbeit - neue Inhalte und Methoden beruflicher Bildung bei der Arbeit mit komplexen technischen Systemen. In: Eicker, F. und Petersen, A. W. (Hg.): Mensch-Maschine-Interaktion. Arbeiten und Lernen in rechnergestützten Arbeitssystemen in Industrie, Handwerk und Dienstleistung: Beiträge und Ergebnisse der 11. HGBT-Fachtagung, Bd. 2. Baden-Baden: Nomos (Bildung und Arbeitswelt, Bd. 2), S. 275–288.

Böhle et al. 2002:
Böhle, F.; Bolte, A.; Drexel, I.; Dunkel, W.; Pfeiffer, S.; Porschen, S. (2002): Umbrüche im gesellschaftlichen Umgang mit Erfahrungswissen. Theoretische Konzepte, empirische Befunde, Perspektiven der Forschung. Forschungsbericht. Starnberg.

Böhle et al. 2004:
Böhle, F.; Bolte, A.; Dunkel, W.; Pfeiffer, S.; Porschen, S.; Sevsay-Tegethoff, N. (2004): Der gesellschaftliche Umgang mit Erfahrungswissen: Von der Ausgrenzung zu neuen Grenzziehungen. In: Beck, U. und Lau, C. (Hg.): Entgrenzung und Entscheidung. Was ist

neu an der Theorie reflexiver Modernisierung? Frankfurt am Main: Suhrkamp (Edition zweite Moderne), S. 95–122.

Böhle et al. 2011:
Böhle, F.; Bolte, A.; Neumer, J.; Pfeiffer, S.; Porschen, S.; Ritter, T. (2011): Subjektivierendes Arbeitshandeln - „Nice to have" oder ein gesellschaftskritischer Blick auf „das Andere" der Verwertung? In: Arbeits- und Industriesoziologische Studien 4, 2011 (Heft 2), S. 16-26.

Böhle, Rose 1993:
Böhle, F.; Rose, H. (1993): Erfahrung als Leistungsfaktor der flexiblen Produktion. In: Technische Rundschau - Das Schweizer Industriemagazin - Hallwag AG (Hg.): CNC-Steuerung. Bern: Hallwag AG, S. 6-9.

Büdenbender 1991:
Büdenbender, W. (1991): Entwicklung von Anforderungen und Gestaltungsvorschlägen zur Konzeption einer ganzheitlichen Produktionsplanung und -steuerung für Unternehmen des Maschinenbaus mit serieller inhomogener Auftragsabwicklungsstruktur. Genehmigte Dissertation. Rheinisch-Westfälische Technische Hochschule Aachen.

Büssing et al. 1999:
Büssing, A.; Herbig, B.; Ewert, T. (1999): Implizites Wissen und erfahrungsgeleitetes Arbeitshandeln: Konzeptualisierung und Methodenentwicklung. Berichte aus dem Lehrstuhl für Psychologie der TU München. Bericht Nr. 48.

Chomsky 1957:
Chomsky, N. (1957): Syntactic structures. The Hague: Mouton.

Deming 1982:
Deming, Edwards W. (1982): Out of crisis. Cambridge, Mass: Massachusetts Institute of Technology.

Deubzer 2003:
Deubzer, E. M. (2003): Die Ordnung im Kopf. Begriffliche Wissensstrukturen zur Entwicklung benutzerorientierter Anordnungen von Funktionen im Raum. Genehmigte Dissertation. München: Fakultät für Wirtschaftswissenschaften der TU München.

Ebner et al. 2007:
Ebner, D.; Tuppinger, J.; Rollett, H.; Hartlieb, E. (2007): Strategisches Wissensmanagement und organisationales Lernen. In: Wissensmanagement Forum (Hg.): Das Praxishandbuch Wissensmanagement. Integratives Wissensmanagement. Graz: Verlag der Technischen Universität Graz, S. 29–42.

Eck 1997:
Eck, C. D. (1997): Wissen - ein neues Paradigma des Managements. Wissensmanagement und Lernfähigkeit der Organisation als Schlüsselkompetenz des Managements. In: Die Unternehmung (3), S. 155–179.

Ellinger 1959:
Ellinger, T. (1959): Ablaufplanung. Grundfragen der Planung des zeitlichen Ablaufs der Fertigung im Rahmen der industriellen Produktionsplanung. Stuttgart: Poeschel.

Enderlein 1984:
Enderlein, H. (1984): Beitrag zur Arbeitsgestaltung in Montageprozessen der Großserienfertigung. Genehmigte Dissertation. Zwickau: Ingenieurhochschule Zwickau.

Engelkamp 1997:
Engelkamp, J. (1997): Das Erinnern eigener Handlungen. Göttingen, Seattle: Hogrefe.

Eversheim 1989:
Eversheim, W. (1989): Organisation in der Produktionstechnik. Band 4 - Fertigung und Montage. Düsseldorf: VDI-Verlag.

Eversheim, Schuh 1996:
Eversheim, W.; Schuh, G. (1996): Produktion und Management „Betriebshütte". Berlin, Heidelberg: Springer.

Ewald 1989:
Ewald, A. (1989): Organisation des strategischen Technologie-Managements. Stufenkonzept zur Implementierung einer integrierten Technologie- und Marktplanung. Berlin: Erich Schmidt Verlag GmbH & Co.

Flick et al. 2005:
Flick, U.; Kardorff, E. von; Steinke, I. (2005): Qualitative Forschung. Ein Handbuch. Reinbek bei Hamburg: Rowohlt Taschenbuch Verlag (Rororo, 55628: Rowohlts Enzyklopädie).

Gienke, Kämpf 2007:
Gienke, H.; Kämpf, R. (2007): Handbuch Produktion. Innovatives Produktionsmanagement: Organisation, Konzepte, Controlling. München: Carl Hanser Verlag.

Große-Oetringhaus 1974:
Große-Oetringhaus, W. F. (1974): Fertigungstypologie unter dem Gesichtspunkt der Fertigungsablaufplanung. Berlin: Duncker & Kumboldt.

Grundig 2009:
Grundig, C.-H. (2009): Fabrikplanung. Planungssystematik - Methoden - Anwendungen. München: Carl Hanser Verlag.

Gruß 2010:
Gruß, R. (2010): Schlanke Unikatfertigung. Zweistufiges Taktphasenmodell zur Steigerung der Prozesseffizienz in der Unikatfertigung auf Basis der Lean Production. Wiesbaden: Gabler Verlag - Springer Fachmedien Wiesbaden GmbH.

Güldenberg 2001:
Güldenberg, S. (2001): Wissensmanagement und Wissenscontrolling in lernenden Organisationen. Ein systemtheoretischer Ansatz. Wiesbaden: Dt. Univ.-Verl. (Edition Österreichisches Controller-Institut).

Günther, Tempelmeier 2005:
Günther, H.-O.; Tempelmeier, H. (2005): Produktion und Logistik. Berlin, Heidelberg: Springer-Verlag.

Hacker, Vaic 1973:
Hacker, W.; Vaic, H. (1973): Psychologische Analyse interindividueller Leistungsdifferenzen als eine Grundlage von Rationalisierungsbeiträgen. In: Hacker, W.; Quass, P.; Raum, H. und Schulz, H.-J. (Hg.): Psychologische Arbeitsuntersuchungen. Berlin: Deutscher Verlag der Wissenschaften, S. 109–131.

Hacker 1978:
Hacker, W. (1978): Allgemeine Arbeits- und Ingenieurpsychologie. Psychische Struktur und Regulation von Arbeitstätigkeiten. Bern: H. Huber (Schriften zur Arbeitspsychologie, Nr. 20).

Hacker 1986:
Hacker, W. (1986): Arbeitspsychologie - Psychische Regulation von Arbeitstätigkeiten. Schriften zur Arbeitspsychologie, Band 41. Bern, Stuttgart, Toronto: Huber.

Hacker 1992:
Hacker, W. (1992): Expertenkönnen. Erkennen und Vermitteln. Göttingen: Verlag für Angewandte Psychologie.

Hacker 2005:
Hacker, W. (2005): Allgemeine Arbeitspsychologie. Psychische Regulation von Wissens-, Denk- und körperlicher Arbeit. Bern: Huber (Schriften zur Arbeitspsychologie, Bd. 58).

Hacker 2008:

Hacker, W. (2008): Informationsflussgestaltung als Arbeits- und Organisationsoptimierung. Jenseits des Wissensmanagements. Zürich: Vdf Hochschulverlag (44).

Hacker 2009:

Hacker, W. (2009): Arbeitsgegenstand Mensch: Psychologie dialogisch-interaktiver Erwerbsarbeit. Ein Lehrbuch. Lengerich: Pabst Science Publishers.

Hacker 2010:

Hacker, W.; Pietzcker, F.; Looks, P. (2008): Vorwort. In: Hacker, W.; Pietzcker, F. und Looks, P. (Hg.): Der aufgabenbezogene Informationsaustausch - partizipative Gruppenarbeit zur Problemlösung. Mit besonderem Blick auf Organisationsentwicklung, Wissensmanagement und betriebliche Gesundheitsvorsorge. Zürich: Vdf Hochschulverlag (Mensch - Technik - Organisation, 45).

Hacker et al. 2011:

Hacker, W.; Pietrzyk, U.; Debitz, U. (Hg.) (2011): Wissen erfolgreich weitergeben. Lösungen für kleine und mittlere Unternehmen im demografischen Wandel. Wissenstagung Wissen erfolgreich weitergeben (2011, Dresden). Lengerich: Pabst Science Publ.

Hackstein 1989:

Hackstein, R. (1989): Produktionsplanung und -steuerung (PPS). Ein Handbuch für die Betriebspraxis. Düsseldorf: VDI-Verlag.

Hasler Roumois 2013:

Hasler Roumois, U. (2013): Studienbuch Wissensmanagement. Grundlagen der Wissensarbeit in Wirtschafts-, Non-Profit- und Public-Organisationen. Zürich: Orell Füssli.

Helmholtz 1856:

Helmholtz, H. von (1856): Handbuch der physiologischen Optik. Leipzig: Voss.

Hirsch 1992:

Hirsch, B. E. (1992): CIM in der Unikatfertigung und -montage. Berlin, Heidelberg, New York: Springer-Verlag.

Hoffmann 1986:

Hoffmann, J. (1986): Die Welt der Begriffe. Psychologische Untersuchungen zur Organisation menschlichen Wissens. Berlin: Deutscher Verlag der Wissenschaften.

Hoffmann 1988:

Hoffmann, J. (1988): Wird Wissen in Begriffen repräsentiert? In: Sprache & Kognition 7, 1988, S. 193–204.

Hoffmann 1993:
Hoffmann, J. (1993): Vorhersage und Erkenntnis. Die Funktion von Antizipationen in der menschlichen Verhaltenssteuerung und Wahrnehmung. Göttingen, Seattle: Hogrefe.

Hoitsch 1993:
Hoitsch, H.-J. (1993): Produktionswirtschaft. München: Verlag Vahlen.

Holst, Mittelstaedt 1950:
Holst, E. von; Mittelstaedt, H. (1950): Das Reafferenzprinzip. In: Naturwissenschaften 37, 1950, S. 464-476.

Hullmann 2001:
Hullmann, A. (2001): Internationaler Wissenstransfer und technischer Wandel. Bedeutung, Einflussfaktoren und Ausblick auf technologiepolitische Implikationen am Beispiel der Nanotechnologie in Deutschland. Heidelberg: Physica-Verlag (Technik, Wirtschaft und Politik, 45).

Kreitel 2008:
Kreitel, W. A. (2008): Ressource Wissen. Wissensbasiertes Projektmanagement erfolgreich im Unternehmen einführen und nutzen. Wiesbaden: Gabler.

Kuhlmann 2009:
Kuhlmann, M. (2009): Beobachtungsinterview. In: Kühl, S.; Strodtholz, P.; Taffertshofer, A. (Hg.): Handbuch Methoden der Organisationsforschung. Quantitative und qualitative Methoden. Wiesbaden: VS, Verlag für Sozialwissenschaften, S. 78–99.

Lenat 1993:
Lenat, D. B. (1993): Theory formation by heuristic search. The nature of heuristics II. Backgrounds and examples. In: Artificial Intelligence 1983 (21), S. 31–60.

Leontjew 1982:
Leontjew, A. N. (1982): Tätigkeit, Bewusstsein, Persönlichkeit. Köln: Pahl-Rugenstein (Studien zur kritischen Psychologie, Bd. 7).

Martin 1995:
Martin, H. (1995): CeA - computergestützte erfahrungsgeleitete Arbeit. Berlin [u.a.]: Springer.

Mertins, Finke 2004:
Mertins, K.; Finke, I. (2004): Kommunikation impliziten Wissens. In: Reinhardt, R. und Eppler, M. (Hg.): Wissenskommunikation in Organisationen. Methoden, Instrumente, Theorien. Berlin [u.a.]: Springer, S. 32–49.

Miller et al 1960:
Miller, G. A.; Galanter, E.; Přibram, K. H. (1960): Plans and the structure of behaviour. New York: Holt.

Mulder 2007:
Mulder, T. (2007): Das adaptive Gehirn. Über Bewegung, Bewusstsein und Verhalten. Stuttgart, New York: Thieme.

Nerdinger et al. 2011:
Nerdinger, F. W.; Blickle, G.; Schaper, N. (2011): Arbeits- und Organisationspsychologie. Berlin: Springer Berlin.

Nohr 2004:
Nohr, H. (2004): Wissensmanagement. In: Kuhlen, R.; Seeger, T.; und Strauch, D. (Hg.): Grundlagen der praktischen Information und Dokumentation. Band 1: Handbuch zur Einführung in die Informationswissenschaft und -praxis. Berlin: De Gruyter, S. 257–270.

Nonaka, Takeuchi 1995:
Nonaka, I.; Takeuchi, H. (1995): The knowledge-creating company. How Japanese companies create the dynamics of innovation. New York: Oxford University Press.

North 2011:
North, K. (2011): Wissensorientierte Unternehmensführung. Wertschöpfung durch Wissen. Wiesbaden: Gabler.

Neubert, Tomczyk 1981:
Neubert, J.; Tomczyk, R. (1981): Aufgabenorientierter Informationsaustausch als Methode der Gestaltung rationeller Arbeitsverfahren. Genehmigte Dissertation. Dresden: Technische Universität Dresden.

Neubert, Tomczyk 1986:
Neubert, J.; Tomczyk, R. (1986): Gruppenverfahren der Arbeitsanalyse und Arbeitsgestaltung. Berlin: VEB Deutscher Verlag der Wissenschaften.

Oesterreich 1981:
Oesterreich, R. (1981): Handlungsregulation und Kontrolle. München, Wien, Baltimore: Urban & Schwarzenberg (U & S Psychologie. Forschung).

Oesterreich, Volpert 1987:
Oesterreich, R.; Volpert, W. (1987): Handlungstheoretisch orientierte Arbeitsanalyse. In: Kleinbeck, U. und Rutenfranz, J. (Hg.): Arbeitspsychologie. Göttingen: Hogrefe, S. 43–73.

Pautzke 1989:
Pautzke, G. (1989): Die Evolution der organisatorischen Wissensbasis. Bausteine zu einer Theorie des organisatorischen Lernens. Herrsching: Verlag Barbara Kirsch.

Plath 2002:
Plath, H.-E. (2002): Erfahrungswissen und Handlungskompetenz - Konsequenzen für die berufliche Weiterbildung. In: Kleinhenz, G. (Hg.): IAB-Kompendium Arbeitsmarkt- und Berufsforschung. Beiträge zur Arbeitsmarkt- und Berufsforschung, 250. Nürnberg, S. 517–529.

Polanyi 1985:
Polanyi, M. (1985): Implizites Wissen. Frankfurt am Main: Suhrkamp.

Probst et al. 2012:
Probst, G.; Raub, S.; Romhardt, K. (2012): Wissen managen. Wie Unternehmen ihre wertvollste Ressource optimal nutzen. Wiesbaden: Gabler.

Rambau, Mansch 2011:
Rambau, A.; Mansch, I. (2011): Wissenserzeugung im Aufgabenbezogenen Informationsaustausch in KMU. In: Hacker, W.; Pietrzyk, U. und Debitz, U. (Hg.): Wissen erfolgreich weitergeben. Lösungen für kleine und mittlere Unternehmen im demografischen Wandel. Lengerich: Pabst Science Publishers. S. 55-61.

REFA 1996:
REFA Bundesverband e.V. (1996): Arbeitspädagogik und Qualifizierung. Lehrunterlage zu Modul 5100456. Darmstadt: REFA.

REFA 2002:
REFA Bundesverband e.V. (2002): Ausgewählte Methoden zur prozessorientierten Arbeitsorganisation. Hemsbach: Druckpartner Rübelmann GmbH.

Rehäuser, Krcmar 1996:
Rehäuser, J. Krcmar H. (1996): Wissensmanagement in Unternehmen. Arbeitspapier Nr. 98 des Lehrstuhls für Wirtschaftsinformatik: Universität Hohenheim.

Reitz 2008:
Reitz, A. (2008): Lean TPM. In 12 Schritten zum schlanken Managementsystem. München: mi-Fachverlag, FinanzBuch Verlag GmbH.

Resch 1988:
Resch, M. (1988): Die Handlungsregulation geistiger Arbeit. Bestimmung und Analyse

geistiger Arbeitstätigkeiten in der industriellen Produktion. Bern: Huber (Schriften zur Arbeitspsychologie, 45).

Rother 2009:
Rother, M. (2009): Die Kata des Weltmarktführers. Toyotas Erfolgsmethoden. Frankfurt, New York: Campus.

Ryle 1949:
Ryle, G. (1949): The Concept of Mind, London: Penguin.

Sames, Büdenbender 1998:
Sames, G.; Büdenbender, W. (1998): Aachener PPS-Modell. Das morphologische Merkmalsschema. Sonderdruck 4/90. Aachen: FIR Selbstverlag.

Scheele, Groeben 1988:
Scheele, B.; Groeben, N. (1988): Dialog-Konsens-Methoden zur Rekonstruktion subjektiver Theorien. Die Heidelberger Struktur-Lege-Technik (SLT), konsensuale Ziel-Mittel-Argumentation und kommunikative Flussdiagramm-Beschreibung von Handlungen. Tübingen: A. Francke.

Schilcher 2006:
Schilcher, C. (2006): Implizite Dimensionen des Wissens und ihre Bedeutung für betriebliches Wissensmanagement. Genehmigte Dissertation. Darmstadt.

Schindler 1975:
Schindler, R. (1975): Zur Herausbildung von Störungsidentifikationsalgorithmen in Abhängigkeit von der Unterweisungsmethode. 4. Kongress der Gesellschaft für Psychologie der DDR. Leipzig: GPsDDR.

Schomburg 1980:
Schomburg, E. (1980): Entwicklung eines betriebstypologischen Instrumentariums zur systematischen Ermittlung der Anforderungen an EDV-gestützte Produktionsplanungs- und -steuerungssysteme im Maschinenbau. Genehmigte Dissertation. Rheinisch-Westfälischen Technischen Hochschule Aachen.

Schuh 2006:
Schuh, G. (2006): Produktionsplanung und -steuerung. Grundlagen, Gestaltung und Konzepte. Berlin Heidelberg: Springer-Verlag.

Sevsay-Tegethoff 2007:
Sevsay-Tegethoff, N. (2007): Bildung und anderes Wissen. Zur „neuen" Thematisierung

von Erfahrungswissen in der beruflichen Bildung. Wiesbaden: VS, Verlag für Sozialwissenschaften.

Spur 1996:
Spur, G. (1996): Produktionstechnologie. In: Eversheim, W. und Schuh, G. (Hg.): Produktion und Management. „Betriebshütte". Berlin, Heidelberg: Springer.

Stadler et al. 1975:
Stadler, M.; Seeger, F.; Raeithel, A. (1975): Psychologie der Wahrnehmung. München: Juventa-Verlag.

Stärk 2011:
Stärk, J. (2011): Beziehung von Auftragsfertigung und Einzelfertigung. Eine produktionswirtschaftliche Betrachtung. In: Wenger, W.; Geiger, M. J.; und Kleine, A. (Hg.): Business Excellence in Produktion und Logistik. Wiesbaden: Gabler Verlag - Springer Fachmedien Wiesbaden GmbH, S. 178–200.

Statistisches Bundesamt 2019:
Statistisches Bundesamt (2019); Bevölkerungspyramide in der 14. koordinierten Bevölkerungsvorausrechnung für Deutschland unter:
https://service.destatis.de/bevoelkerungs-pyramide/#!a=55,66&g
(abgerufen am 20.08.2019)

Stoffelshaus 2011:
Stoffelshaus, N. (2011): Entwicklung einer Systematik zur Priorisierung von Produktionsstörungen im Rahmen der kontinuierlichen Prozessverbesserung in der Einzelfertigung; Diplomarbeit an der Technischen Universität Dortmund; eingereicht am 19.07.2011.

Strohschneider 1990:
Strohschneider, S. (1990): Wissenserwerb und Handlungsregulation. Wiesbaden: Deutscher Universitäts-Verlag. (DUV Psychologie).

Taylor 1911:
Taylor, F. W. (1911): The principles of scientific management. London: Harper & Brothers.

Thiel 2002:
Thiel, M. (2002): Wissenstransfer in komplexen Organisationen. Effizienz durch Wiederverwendung von Wissen und Best Practices. Wiesbaden: Springer.

Volpert 1980:
Volpert, W. (1980): Beiträge zur psychologischen Handlungstheorie. Bern: H. Huber.

Volpert 1983:
Volpert, W. (1983): Das Modell der hierarchisch-sequentiellen Handlungsorganisation. In: Hacker, W.; Volpert, W. und Cranach, M. von (Hg.): Kognitive und motivationale Aspekte der Handlung. Bern, Stuttgart, Wien: Huber, S. 38–58.

Volpert 1992:
Volpert, W. (1992): Wie wir handeln - was wir können. Heidelberg: Asanger.

Volpert 1994:
Volpert, W. (1994): Wider die Maschinenmodelle des Handelns. Aufsätze zur Handlungsregulationstheorie. Lengerich, Scottdale AZ (USA): Pabst.

Volpert 1997:
Volpert, W. (1997): Handlungsregulation. In: Volpert, W. und Luczak, H. (Hg.): Handbuch Arbeitswissenschaft. Stuttgart: Schäffer-Poeschel, S. 453–458.

Voss, Gutenschwager 2001:
Voß, S.; Gutenschwager, K. (2001): Informationsmanagement. Berlin [u.a.]: Springer.

Wäfler et al. 1999:
Wäfler, T.; Windischer, A.; Ryser, C.; Weik, S.; Grote, G. (1999): Wie sich Mensch und Technik sinnvoll ergänzen: die Gestaltung automatisierter Produktionssysteme mit KOMPASS. Zürich: Vdf Hochschulverlag. (Mensch, Technik, Organisation, 18).

Walliser 1999:
Walliser, S. (1999): Entwicklung und Nachweisführung einer Methodik zur Einführung und Stabilisierung von veränderten Prozessen in der Produktentwicklung. genehmigte Dissertation. Technische Universität Chemnitz.

Watson 1913:
Watson, J. B. (1913): Psychology as the behaviorist views it. In: Psychological Review 1913 (20), S. 158–177.

Wetzstein et al. 2004:
Wetzstein, A.; Ishig, A.; Hacker, W. (2004): Der Aufgabenbezogene Informationsaustausch als innovationsförderndes Instrument für Unternehmen. In: Wirtschaftspsychologie aktuell 2004 (3/2004), S. 57–60.

Wetzstein 2007:
Wetzstein, A. (2007): Betriebliche Veränderungsprozesse zur Optimierung von Arbeitsprozessen partizipativ gestalten. In: Sozialwissenschaften und Berufspraxis 2007 (30(1)), S. 117–126.

Wiendahl 2010:
Wiendahl, H.-P. (2010): Betriebsorganisation für Ingenieure. München: Carl Hanser Verlag.

Zboralski 2007:
Zboralski, K. (2007): Wissensmanagement durch Communities of Practice. Unter Mitarbeit von Prof. Dr. Hans Georg Gemünden. Wiesbaden: Springer Fachmedien.

10 Anhang

Tabelle 10.1: Prozessaufnahme Gehäusefertigung - Bau 80

Prozess	Maschine/ Arbeitsplatz	Turbinenclustertyp					
		H70 m. Abpr.	H70 o. Abpr.	H30 - 25 - TPL	HI50	IL30	I60
Anreißen	Anreißfläche	x	x		x	x	x
Teilflächen vor-/ fertigfräsen	WBF				x	x	x
Entgraten/Montage	RBM				x	x	x
Fertigreiben/ Kegelstiftbohrungen	RBM				x	x	x
Fertigdrehen	SDM	x	x	x		x	
Außenbearbeitung	WBF	x	x	x	x	x	x
Demontage	RBM	x	x		x	x	x
Innenbearbeitung	WBF	x	x	x			
Bohren	RBM	x	x	x	x	x	x
Komplett entgraten	RBM	x	x	x	x	x	x
Waschen	Waschplatz	x	x	x	x	x	X
Abpressen	Abpressplatz	x			x	x	x
Dichtbänder/ Segmente einbauen	Montagefläche						x
Außenbearbeitung	WBF	x					x
Teilflächen schrau-ben	Montagefläche					x	
Fertigdrehen Seg-mente	SDM					x	
Dichtbänder einstemmen	Montagefläche				x		
Entgraten/ Tuschieren	Montagefläche	x			x	x	x
Waschen	Waschplatz	x				x	x
Endprüfung	Montagefläche	x	x	x	x	x	x

Tabelle 10.2: Prozessaufnahme Gehäusefertigung - Bau 81 (Teil1)

Prozess	Maschine/ Arbeitsplatz	Turbinenclustertyp												
		H70	H30	HI50 - Bau 81	HI50 - Bau 80	I20/I30	IL30	BB44	I60	L8,7 LST	L13,9	LP-IG 12,5-V1	LP-IG 12,5-V2	LP-13,9
Anreißen	Anreißfläche											x	x	x
Teilflächen	Gantry/WBF	x	x	x			x	x	x			x	x	x
Teilflächen vorfrä-sen	PAMA				x					x	x			
Verschneiden	RBM				x									
Entgra-ten/Montage	RBM				x					x	x	x	x	
Vorreiben Kegel-stiftbohrungen	RBM				x					x	x	x		
Vordrehen/Bohren Dampfentnahme	SDM									x	x			
Trennen	Montage									x	x			
Vor-/Fertigdrehen	SDM											x		
Vordrehen	Coburg				x									
Entgra-ten/Demontage	RBM				x							x		
Teilflächen Innen-gehäuse	PAMA				x	x								
Waschen	Waschplatz	x	x											
ZF-Prüfen	Pufferfläche													x
Schweißen	Schweißzentrum	x												x
Tieflochbohrungen	WBF Bau 80	x												
Abpressen	Abpressplatz	x												
Teilflächen fertig fräsen	WBF Bau 80	x	x							x	x	x		x
Entgra-ten/Montage	Montageplatz	x	x	x	x	x	x	x	x	x	x	x		x
Kegelstiftbohrun-gen fertig reiben	RBM	x	x	x	x	x	x	x	x	x	x	x	x	x
Fertigdrehen der LST	Dörries									x	x			

Tabelle 10.3: Prozessaufnahme Gehäusefertigung - Bau 81 (Teil2)

Fertigdrehen	SDM	x	x	x	x	x	x	x	x			x	x	X
Außenbearbeitung	WBF											x	x	x
Trennen/Entgraten	Demontageplatz	x	x	x	x	x	x	x	x	x	x	x	x	x
Innenbearbeitung	WBF													x
Komplett entgraten	RBM											x	x	x
Gehäuse prüfen	Demontageplatz	x	x	x	x	x	x	x		x	x			
Waschen	Waschplatz	x	x	x	x	x	x	x	x	x	x	x	x	x
Dichtbänder/Segmente einbauen	Montagefläche								x			x		
Dichtbänder einstemmen	BSP	x	x	x	x	x	x	x		x	x			
Gehäuse beschaufeln	BSP	x	x	x	x	x	x	x	x	x	x	x		
QS-Prüfung	Montagefläche											x		
Heizen/ Teilflächen schrauben	BSP								x	x	x	x		
Heizen/ Segmente einbauen	Montageplatz	x	x	x	x	x	x	x						
Schaufeldeckplatten/ Dichtband drehen	SDM	x	x	x	x	x	x	x	x	x	x	x		
Trennen/Entgraten	Montage									x	x			
Gehäuse Außenbearbeitung	WBF	x	x	x	x	x	x	x	x					
Entgraten/ Tuschieren/etc.	Montageplatz	x	x	x	x	x	x	x	x			x		
Schweißen	Schweißzentrum	x												
Waschen	Waschplatz	x	x	x	x	x	x	x	x	x	x	x		
Montieren Abschirmring	Montagefläche											x		
Transp. Verbohren Abschirmring	Montagefläche											x		
Bürstendichtungen einbauen	Montageplatz	x												
Dichtbänder in Deckplatte	Waschplatz		x	x	x	x								
Endprüfung	Montageplatz	x	x	x	x	x	x	x	x	x	x	x	x	x

Tabelle 10.4: Prozessaufnahme Rotorfertigung

Prozess	Maschine/ Arbeitsplatz	Turbinenclustertyp									
		H30	H70 V1	H70-V3	HI-50	HI50 V2	I30	I50	I50-V2	IL30	L2x8.7
Modul Drehen	MFD 2									x	
Modul Drehen	MFD 2									x	
Modul Fräsen	PAMA									x	
Modul Fräsen	PAMA									x	
Aufbau Schweißen	Schweißzentrum									x	
Auftragsschweißen	Schweißzentrum			x		x			x		
Glühen	Schweißzentrum			x		x			x	x	
Überdrehen	Georg			x		x			x	x	
ZF Prüfen	Prüfplatz			x		x			x	x	
Drehen	Georg	x	x	x	x	x	x	x	x	x	x
Anreissen	Anreissplatte	x	x	x	x	x	x	x	x	x	x
Bohren	Pama	x	x	x	x	x	x	x	x	x	x
Entgraten	Pama									x	
Bohren/Entgraten	TraBo	x	x	x	x	x	x	x	x		x
Fräsen (Tannennuten)	Pegard/Ingersoll									x	x
Stoßen	Stoßmaschine	x	x	x	x	x	x	x	x	x	x
Entgraten Tannennuten	Entgratstand									x	x
Waschen	Waschplatz	x	x	x	x	x	x	x	x	x	x
Rollieren (Tannennuten)	Pegard									x	x
Dichtbänder einstemmen	Lagerplatz	x	x	x	x	x	x	x	x	x	x
Drehen (WeDi, Dichtbänder)	Georg	x	x	x	x	x	x	x	x	x	x
Dichtbänder einstem-men	Lagerplatz	x	x	x	x	x	x	x	x	x	x
Waschen	Waschplatz	x	x	x							
Beschaufeln	Beschaufelungs-stand EM	x	x	x							
Drehen v.d. Wuchten/ Prüfen	Georg	x	x	x							
Wuchten	Wuchtbunker	x	x	x	x	x	x	x	x	x	x
Drehen n.d. Wuchten	Georg	x	x	x							

Tabelle 10.5: Ausprägung Einflussfaktoren und Ermittlung der EEK_x in der Gehäusefertigung - Bau 80

Vorgang	Maschine	Ausprägung Einflussgrößen für EEK_x				EEK_x
		B_x (0/1)	V_x (1/2/3)	E_x (1/3/5)	P_x (1/2/4)	
Anreißen	Anreißfläche	1	2	1	2	6
Teilflächen vor-/fertigfräsen	WBF	1	3	5	4	27
ZF-prüfen panzernde Fläche	Pufferfläche	1	3	1	1	6
Schweißen (Panzern)	Pufferfläche	1	3	5	4	27
Montage	RBM	1	2	1	4	10
Vorreiben	RBM	1	3	5	4	27
Drehen	SDM	1	3	5	4	27
Demontage	RBM	1	2	1	4	10
Teilflächen fräsen	WBF	1	3	5	4	27
QS prüfen	Variabel	1	3	1	1	6
Entgraten/Montage	RBM	1	2	1	4	10
Fertigreiben	RBM	1	3	5	4	27
Fertigdrehen	SDM	1	3	5	4	27
Außenbearbeitung	WBF	1	3	5	4	27
Demontage	RBM	1	3	1	4	15
Innenbearbeitung	WBF	1	3	5	4	27
Bohren	RBM	1	3	5	4	27
Komplett entgraten	RBM	1	3	1	1	6
QS prüfen	Variabel	1	3	1	1	6
Waschen	Waschplatz	1	1	1	1	2
Abpressen	Abpressplatz	1	3	5	2	21
Dichtbänder/ Segmente einbauen	Montagefläche	1	2	1	1	4
Beschaufeln	Montagefläche	1	3	1	2	9
Gehäuse heizen	Montagefläche	1	3	3	1	12
Fertigdrehen Segmente	SDM	1	3	5	4	27
Außenbearbeitung	WBF	1	3	5	4	27
Entgraten, tuschieren	Montagefläche	1	2	1	1	4
Waschen	Waschplatz	1	1	1	1	2
Montieren Abschirmring	Montagefläche	1	2	1	1	4
Verbohren Abschirmring	Montagefläche	1	2	1	1	4
Endprüfung	Montagefläche	1	3	1	1	6

Tabelle 10.6: Ausprägung Einflussfaktoren und Ermittlung der EEK_x in der Gehäusefertigung - Bau 81

Vorgang	Maschine	Ausprägung Einflussgrößen für EEK_x				EEK_x
		B_x (0/1)	V_x (1/2/3)	E_x (1/3/5)	P_x (1/2/4)	
Teilflächen vorfräsen	Gantry	1	3	5	4	27
Verschneiden Verschnitte Teilflächen	Gantry	1	3	5	4	27
Innenkontur	Gantry	1	3	5	4	27
Tieflochbohrungen	Gantry	1	3	5	4	27
Teilflächen fertig fräsen	Gantry	1	3	5	4	27
Waschen	Waschplatz	1	1	1	1	2
Schweißen	Schweiß-zentrum	1	3	5	4	27
Tieflochbohrungen	WBF Bau 80	1	3	5	4	27
Abpressen	Abpressplatz	1	3	5	2	21
Teilflächen fertig fräsen	WBF Bau 80	1	3	5	4	27
Entgraten/Montage	Montageplatz	1	2	1	4	10
Kegelstiftbohrungen fertig reiben	RBM	1	3	5	4	27
Fertigdrehen	SDM	1	3	5	4	27
Trennen/Entgraten	Demontage-platz	1	2	1	4	10
Gehäuse prüfen	Demontage-platz	1	2	1	1	4
Waschen	Waschplatz	1	1	1	1	2
Dichtbänder einstemmen	BSP	1	2	1	1	4
Gehäuse beschaufeln	BSP	1	2	1	2	6
Heizen/Segmente einbauen	Montageplatz	1	2	1	1	4
Schaufeldeckplatten/ Dichtband drehen	SDM	1	3	5	4	27
Gehäuse Außenbearbeitung	WBF	1	3	5	4	27
Entgraten/Tuschieren/etc.	Montageplatz	1	2	1	1	4
Schweißen	Schweiß-zentrum	1	3	5	4	27
Waschen	Waschplatz	1	1	1	1	2
Bürstendichtungen einbauen	Montageplatz	1	2	1	1	4
Dichtbänder einstemmen in Deckplatte	Waschplatz	1	2	1	1	4
Endprüfung	Montageplatz	1	3	1	1	6

Tabelle 10.7: Ausprägung Einflussfaktoren und Ermittlung der EEK_x i n der Rotorfertigung

Vorgang	Maschine	Ausprägung Einflussgrößen für EEK_x				EEK_x
		B_x (0/1)	V_x (1/2/3)	E_x (1/3/5)	P_x (1/2/4)	
Modul Drehen	MFD 2	1	3	5	4	27
Modul Drehen	MFD 2	1	3	5	4	27
Modul Fräsen	PAMA	1	3	5	4	27
Modul Fräsen	PAMA	1	3	5	4	27
Aufbau Schweißen	Schweiß-zentrum	1	3	5	4	27
Auftragsschweißen	Schweiß-zentrum	1	3	5	4	27
Glühen	Schweiß-zentrum	1	3	5	4	27
Überdrehen	Georg	1	3	5	4	27
ZF Prüfen	Prüfplatz	1	3	5	4	27
Drehen	Georg/MFD2/ Safop	1	3	5	4	27
Anreißen	Anreißplatte	1	3	1	4	15
Bohren	Pama	1	3	5	4	27
Entgraten	Pama	1	2	3	2	10
Bohren/Entgraten	TraBo	1	3	5	4	27
Fräsen (Tannennuten)	Ingersoll/ T-Pegard	1	3	5	4	27
Stoßen	Stoßmaschine	1	3	1	2	9
Entgraten Tannennuten	Entgratstand	1	2	5	4	18
Waschen	Waschplatz	1	1	5	4	9
Rollieren (Tannennuten)	T-Pegard	1	2	5	4	18
Dichtbänder einstemmen	Lagerplatz	1	2	1	4	10
Drehen (WeDi, Dichtbänder)	Georg	1	3	5	4	27
Dichtbänder einstemmen	Lagerplatz	1	2	1	4	10
Waschen	Waschplatz	1	1	1	4	5
Beschaufeln	Beschaufelung Endmontage	n.a.	n.a.	n.a.	n.a.	0
Drehen v.d. Wuchten/Prüfen	Georg	1	3	5	4	27
Wuchten	Wuchtbunker	n.a.	n.a.	n.a.	n.a.	0
Drehen n.d. Wuchten	Georg	1	3	5	4	27

Tabelle 10.8: Erfahrungserwartungskennzahl je Arbeitsplatz - Rotorfertigung

Maschine/ Arbeitsplatz	Prozess	Ausprägung Einflussgrößen für EEK_x und EEK_y					EEK_y
		B_x (0/1)	V_x (1/2/3)	E_x (1/3/5)	P_x (1/2/4)	U_y (1/2/4)	
MFD 2	Modul drehen	1	3	5	4	2	54
	Nuten etc. drehen	1	3	5	4		
Pama	Modul fräsen	1	3	5	4	2	53
	Bohren	1	3	5	4		
	Entgraten	1	2	3	2		
Georg	Überdrehen Schweißstellen	1	3	5	4	2	54
	Nuten etc. drehen	1	3	5	4		
	Drehen (WeDi, Dichtbänder)	1	3	5	4		
	Drehen vor Wuchten	1	3	5	4		
	Drehen nach Wuchten	1	3	5	4		
Safop	Nuten etc. drehen	1	3	5	4	2	54
TraBo	Bohren	1	3	5	4	1	27
T-Pegard	Fräsen Tannennuten	1	3	5	4	2	52
	Rollieren Tannennuten	1	2	5	4		
Ingersoll	Fräsen Tannennuten	1	3	5	4	2	54
Stoßmaschine	Stoßen Nuten	1	3	1	2	1	9
Entgratstand	Entgraten Tannennuten	1	2	5	4	1	18
Prüfplatz	ZF Prüfen	1	3	1	1	1	6
Lagerplatz	Dichtbänder einstemmen	1	2	1	4	1	10
Anreissplatz	Anreißen	1	3	1	4	1	15
Waschplatz	Waschen	1	1	1	1	1	2

Tabelle 10.9: Erfahrungserwartungskennzahl je Arbeitsplatz - Gehäusefertigung Bau 80

Maschine/ Arbeitsplatz	**Prozess**	**Ausprägung Einflussgrößen für EEK_x und EEK_y**					***EEK***
		B_x (0/1)	V_x (1/2/3)	E_x (1/3/5)	P_x (1/2/4)	U_y (1/2/4)	*y*
Anreißfläche	Anreißen	1	2	1	2	1	6
Pama (Tandem)	Teilflächen vorfräsen	1	3	5	4	4	108
	Teilflächen fertigfräsen	1	3	5	4		
	Außenbearbeitung	1	3	5	4		
	Innenbearbeitung	1	3	5	4		
	Tieflochbohrungen	1	3	5	4		
RBM Platte	Montage	1	2	1	4	4	50
	Vorreiben Kegelstiftbohrungen	1	3	5	4		
	Demontage	1	2	1	4		
	Entgraten/Montage	1	2	1	4		
	Fertigreiben Kegelstiftbohrungen	1	3	5	4		
	Bohren	1	3	5	4		
	Entgraten	1	3	1	1		
WaCo	Drehen Gehäuse	1	3	5	4	2	54
	Fertigdrehen	1	3	5	4		
Carnaghi 5m	Drehen Gehäuse	1	3	5	4	2	54
	Fertigdrehen	1	3	5	4		
	Drehen Segmente	1	3	5	4		
Carnaghi 8m	Drehen Gehäuse	1	3	5	4	2	54
	Fertigdrehen	1	3	5	4		
	Drehen Segmente	1	3	5	4		
Waschplatz	Waschen	1	1	1	1	1	2
Abpressplatz	Abpressen	1	3	5	2	1	21
Montageflächen	QS prüfen	1	3	1	1	4	23
	Dichtbänder einstemmen/ Segmente einbauen	1	2	1	1		
	Gehäuse heizen	1	3	3	1		
	Entgraten, tuschieren	1	2	1	1		
	Montieren Abschirmring	1	2	1	1		
	Verbohren Abschirmring	1	2	1	1		

Tabelle 10.10: Erfahrungserwartungskennzahl je Arbeitsplatz - Gehäusefertigung Bau 81

Maschine/ Arbeitsplatz	Prozess	Ausprägung Einflussgrößen für EEK_x und EEK_y					EEK_y
		B_x (0/1)	V_x (1/2/3)	E_x (1/3/5)	P_x (1/2/4)	U_y (1/2/4)	
Gantry	Teilflächen vorfräsen	1	3	5	4	4	108
	Verschnitte verschneiden	1	3	5	4		
	Innenkontur	1	3	5	4		
	Tieflochbohrungen	1	3	5	4		
	Teilflächen fertigfräsen	1	3	5	4		
Montageplatz	Entgraten/Montage	1	2	1	4	4	19
	Heizen / Segmente einbauen	1	2	1	1		
	Tuschieren etc.	1	2	1	1		
	Bürstendichtungen einbauen	1	2	1	1		
	Endprüfung	1	3	1	1		
RaBoMa	Kegelstiftbohrungen	1	3	5	4	1	27
Demontage-platz	Trennen/Entgraten	1	2	1	4	1	8
	Gehäuse prüfen	1	2	1	1		
SDM	Fertigdrehen	1	3	5	4	2	54
	Schaufelplatten/Dichtband drehen	1	3	5	4		
WBF	Außenbearbeitung	1	3	5	4	2	54
Waschplatz	Waschen	1	1	1	1	1	3
	Dichtbänder in Deckplatten einstemmen	1	2	1	1		
Abpressplatz	Abpressen	1	3	5	2	1	21
Beschau-felungsplatz	Gehäuse beschaufeln	1	2	1	2	2	12
	Dichtbänder einstemmen	1	2	1	1		

Tabelle 10.11: Fragenkatalog zum retrospektiven Längsschnitt (Teil 1)

Bewusstwerden der eigenen Stellung	
1	Sie wurden von Ihrem Betriebsleiter als Spezialist auf Ihrem Fachgebiet genannt, was meinen Sie aus welchen Gründen Sie als solcher bezeichnet werden?
2	Würden Sie sich selbst als Spezialisten bezeichnen?
3	Wenn ja, warum?
4	Was würden Sie sagen, seit wann Sie ein Spezialist sind?
5	Wenn nein, warum nicht?
6	Was würden Sie sagen, ab wann Sie ein Spezialist wären?
Werdegang	
1	Wie war Ihr bisheriger Werdegang? Was hat Sie zu dem Experten gemacht, der Sie heute sind?
2	Welche Ausbildung/en haben Sie erhalten?
3	Wo und wann haben Sie diese begonnen?
4	Wie lange ging die Ausbildung?
5	Waren Sie damit ausgelernt?
6	Seit wann sind Sie bei Siemens?
7	Was ist Ihre Aufgabe hier?
8	In wie vielen Unternehmen waren Sie zuvor?
9	Was haben Sie dort gemacht?
10	Wer hat Sie besonders geprägt?
11	Wie hat Sie dies beeinflusst?
12	Warum hat Sie diese Person geprägt?
13	Was ist Ihnen allgemein von Ihrem Ausbildungsweg positiv in Erinnerung geblieben?
14	Was haben Sie als verbesserungsfähig empfunden?
15	Halten Sie Ihren Werdegang für empfehlenswert oder würden Sie heute etwas anders machen?

Tabelle 10.12: Fragenkatalog zum retrospektiven Längsschnitt (Teil 2)

Bedeutung von Erfahrung	
1	Wie wichtig sind Ihrer Meinung nach eigenen Erfahrungen in Ihrem Beruf? Warum schätzen Sie dies so ein?
2	Wie haben Sie Ihre Erfahrungen gesammelt?
3	Was haben Sie daraus gelernt?
4	Können Sie eine Situation oder Erfahrung beschreiben, die Sie besonders geprägt hat?
5	Wie sah diese aus? Warum gerade diese Situation oder Erfahrung?
6	Wenn nein, kennen Sie jemanden, der eine prägende Situation oder Erfahrung erlebt hat?
7	Wenn ja, wie hat die Situation oder Erfahrung diese Person beeinflusst?
8	Warum gerade diese Situation oder Erfahrung?
9	Wenn nein, welche Situation oder Erfahrung können Sie sich als prägend vorstellen und warum?
10	Ich bin der Meinung, dass man nur durch Fehler lernen kann, was sagen Sie dazu?
Wissensvermittlung an den Spezialisten	
1	Wie/ auf welche Art und Weise haben Sie Ihr aktuelles Wissen erlangt?
2	Wie wurde in Ihrer Ausbildung das Wissen an Sie vermittelt?
3	Was war daran positiv?
4	Was haben Sie als verbesserungsfähig empfunden?
5	Wie wurde Ihnen außerhalb der Ausbildung das Wissen weitergegeben?
6	Was war daran positiv?
7	Was haben Sie als verbesserungsfähig empfunden?
8	In anderen Ausbildungen wurde wesentlich mehr Wert auf das Sammeln von Praxiserfahrungen gelegt, halten Sie dies für besser?
9	In anderen Ausbildungen wurde wesentlich mehr Wert auf das Lernen von Theorie gelegt, halten Sie dies für besser?

Tabelle 10.13: Fragenkatalog zum retrospektiven Längsschnitt (Teil 3)

Wissensaneignung des Spezialisten	
1	Wie erhalten Sie aktuell Ihr Wissen bzw. wie bauen Sie es weiter auf?
2	Wie gelangen Sie heute an notwendiges Wissen?
3	Was machen Sie, um sich fortzubilden?
4	Warum wollen Sie sich noch weiterbilden?
5	Wenn Sie sich nicht fortbilden, warum denken Sie, dass das nicht notwendig ist?
6	Durch welche Art der Wissensübermittlung lernen Sie am besten?
7	Wie gehen Sie mit Störungen um?
8	Was ist gut daran?
9	Was könnten Sie noch verbessern bzw. was könnte verbessert werden?
Wissens-/Erfahrungsweitergabe	
1	Wie geben Sie Ihr Wissen und Ihre Erfahrungen weiter?
2	Was genau ist schwierig an Ihrer Maschine? Wofür muss man Spezialist sein?
3	Wie geben Sie Ihr Wissen darüber weiter?
4	Was denken Sie ist daran gut?
5	Geben Sie Ihr Wissen bewusst an Andere weiter?
6	Wenn ja, warum machen Sie dies?
7	Wenn nein, warum nicht?
8	Wie würden Sie Ihr Wissen weitergeben, wenn Sie es müssten?
9	Teilen Sie auch ihre Erfahrungen oder helfen Sie ihren Lehrlingen, eigene zu erlangen?
10	Wenn ja, warum machen Sie dies?
11	Wie genau läuft das ab?
12	Woraus können Sie erkennen, ob Sie mit Ihrer Weitergabe erfolgreich sind?
13	Könnten Sie bei der Wissens- und Erfahrungsweitergabe Hilfe gebrauchen?
14	Wenn ja, wie sähe diese bestmöglich aus?

Ziel	**Was soll erreicht werden?** (Handlungsziel aus Zielegliederung)	
	lfd. Nr.	
Bedingungen	**Warum?** (Ausgangssituation)	
	Woraufhin? (Zu beachtende Signale)	
	Unter welchen Bedingungen? (Produkt/Prozess/Maschine)	**Warum?** (Gründe)
	Informationen (Unterlagen/Dokumente)	**Warum?** (Gründe)
	Sicherheitsmaßnahmen (PSA/Verhaltensweisen)	**Warum?** (Gründe)
Maßnahmen	**Was und wie?** (Ablauf/Vorgehensweise	**Warum?** (Gründe)
	Womit? (Werkzeug)	**Warum?** (Gründe)
	Mit wem? (Partner/Kollegen)	**Warum?** (Gründe)
	Wo? (Ort)	**Warum?** (Gründe)
	Wann? (Zeitliche Vorgabe)	**Warum?** (Gründe)

Abbildung 10.1: Beispielhafter Aufnahmebogen zur Protokollierung des Spezial- und Erfahrungswissens

Spannen / Rüsten

Turbinentyp		**Auftrag**	
Vorgang (AVO)			

Info	Woher	Wie weitergeben	Was
Fertigungsablauf	Angabe aus Prozess	Gemeinsam gedanklich durchspielen	
Position	Erfahrung (bauteilspezifisch)	Beispielbilder/ Skizzen/Aufzeichnungen	
	Zeichnung	Beobachten	
	AV-Blatt	Befragen	
	Rücksprache mit Konstruktion (z.B. bei anfräsen)	„machen lassen"	
Kraftarbeit (Genauigkeit der Position und Anzugsmoment)	Erfahrung	Abwechselnde Tätigkeit	
		Dialog	
		Aufschreibungen	
Werkzeuge	Fachwissen (bspw. Schlagschlüssel)	Dialog	
		Aufschreibungen	

Abbildung 10.2: Erster Lösungsvorschlag eines Aufnahmeschemas für den Kernprozess Spannen

Drehen

<table>
<tr><td>Turbinentyp</td><td></td><td>Auftrag</td><td></td></tr>
<tr><td>Vorgang (AVO)</td><td colspan="3"></td></tr>
</table>

<table>
<tr><th>Info</th><th>Woher</th><th>Wie weitergeben</th><th>Was</th></tr>
<tr><td>Fertigungsablauf</td><td>Angabe aus Prozess</td><td>Gemeinsam gedanklich durchspielen</td><td></td></tr>
<tr><td rowspan="4">Werkzeuge (Ausprägungen, spezifische Werkzeuge)</td><td rowspan="2">Teilweise vorgegeben</td><td>Im Einsatz (besprechen)</td><td rowspan="4"></td></tr>
<tr><td>Beobachten/ Befragen</td></tr>
<tr><td>Erfahrung in Abhängigkeit der Rahmenbedingungen</td><td>Neue Ansätze selbst überlegen</td></tr>
<tr><td>Herstellerangaben</td><td>Ausprobieren</td></tr>
<tr><td rowspan="3">Bearbeitungsparameter</td><td>Vorschübe → Vorgaben Zeichnung</td><td>Beobachten/ Befragen</td><td rowspan="3"></td></tr>
<tr><td rowspan="2">Abhängig von Werkzeug → Erfahrung</td><td>Selbst experimentieren</td></tr>
<tr><td>Machen lassen</td></tr>
</table>

Abbildung 10.3: Erster Lösungsvorschlag eines Aufnahmeschemas für den Kernprozess Drehen

<table>
<tr><th colspan="4">Bohren</th></tr>
<tr><td>Turbinentyp</td><td></td><td>Auftrag</td><td></td></tr>
<tr><td>Vorgang (AVO)</td><td colspan="3"></td></tr>
</table>

<table>
<tr><th>Info</th><th>Woher</th><th>Wie weitergeben</th><th>Was</th></tr>
<tr><td>Fertigungsablauf</td><td>Angabe aus Prozess</td><td>Gemeinsam gedanklich durchspielen</td><td></td></tr>
<tr><td rowspan="2">Bohrposition</td><td rowspan="2">Aus Zeichnung</td><td>Lesen</td><td rowspan="2"></td></tr>
<tr><td>Beobachten/ Befragen</td></tr>
<tr><td rowspan="2">Maschinen-bedienung (bspw. Winkelkopf)</td><td rowspan="2">Abhängig von Werkzeug → Erfahrung</td><td>Beobachten/ Befragen</td><td rowspan="2"></td></tr>
<tr><td>Selbst probieren</td></tr>
<tr><td rowspan="2">Arbeitssicherheit (z.B. 2. Mann im Gehäuse)</td><td rowspan="2">Erfahrung</td><td>Dialog</td><td rowspan="2"></td></tr>
<tr><td>Verstehen</td></tr>
</table>

Abbildung 10.4: Erster Lösungsvorschlag eines Aufnahmeschemas für den Kernprozess Bohren

Spannen			
Bauteilname		**Schritt Nr.**	
Schritt			

Info	Wie / Was ausführen	Warum so
Fertigungsablauf ☐ Laufkarte/Dokumappe ☐ Zeichnung (Teil_____________) ☐ Info MA/gedanklich durchspielen ☐ ____________________		
Position ☐ Erfahrung ☐ Zeichnung ☐ AV-Blatt ☐ Rücksprache Konstruktion ☐ Beispielbilder/Skizzen/Zeichnungen ☐ Beobachten/Befragen ☐ "Machen lassen" ☐ Der Maschine ☐ ____________________		
Kraftarbeit (Genauigkeit der Position und Anzugsmoment) ☐ Erfahrung ☐ Abwechselnde Tätigkeit ☐ Dialog mit erfahrenem MA ☐ Aufschreibungen ☐ ____________________		
Werkzeuge ☐ Fachwissen (bspw. Schlagschlüssel) ☐ Dialog mit erfahrenem MA ☐ Aufschreibungen ☐ ____________________		
Besonderheiten / Arbeitssicherheit „Achtung“		

Abbildung 10.5: Finaler Aufnahmebogen für den Kernprozess Spannen

Drehen			
Bauteilname		**Schritt Nr.**	
Schritt			

Info aus:	**Wie / Was ausführen**	**Warum so**
Fertigungsablauf ☐ Laufkarte/Dokumappe ☐ Zeichnung (Teil________________) ☐ Info MA/gedanklich durchspielen ☐ ________________________		
Werkzeuge ☐ Vorgabe aus Programm/Zeichnung ☐ Erfahrung (Rahmenbedingungen) ☐ Aus vorherigem Schritt ☐ Beobachten/Befragen ☐ Neue Ansätze selbst überlegen ☐ Ausprobieren ☐ Kopf/Halter ☐ __________________		
Bearbeitungsparameter ☐ Zeichnung ☐ Machen lassen ☐ Herstellerangaben ☐ Werkzeugabhängig ☐ Beobachten/Befragen ☐ Selbst experimentieren ☐ Erfahrung ☐ __________________		
Besonderheiten/ Arbeitssicherheit „Achtung“		

Abbildung 10.6: Finaler Aufnahmebogen für den Kernprozess Drehen

Bohren			
Bauteilname		**Schritt Nr.**	
Schritt			

Info aus:	**Wie / Was ausführen**	**Warum so**
Fertigungsablauf ☐ Laufkarte/Dokumappe ☐ Zeichnung (Teil_______________) ☐ Info MA/gedanklich durchspielen ☐ _______________________		
Bohrposition ☐ Aus Zeichnung ☐ Laufkarte/Dokumappe ☐ Beobachten/Befragen (MA) ☐ ___________________		
Werkzeuge ☐ Vorgabe aus Programm/Zeichnung ☐ Erfahrung (Rahmenbedingungen) ☐ Aus vorherigem Schritt ☐ Beobachten/Befragen ☐ Neue Ansätze selbst überlegen ☐ Ausprobieren ☐ Kopf/Halter ☐ _________________		
Bearbeitungsparameter ☐ Zeichnung ☐ Erfahrung ☐ Machen lassen ☐ Achse ☐ Herstellerangaben ☐ Werkzeugabhängig ☐ Beobachten / Befragen ☐ Selbst experimentieren ☐ __________		
Besonderheiten/ Arbeitssicherheit „Achtung“		

Abbildung 10.7: Finaler Aufnahmebogen für den Kernprozess Bohren

Abbildung 10.8: Rückseite der finalen Aufnahmebögen

Fragebogen „Methode zur Optimierung des Wissenstransfers im Anlernprozess“

Bitte kreuzen Sie die zutreffenden Aussagen zu Ihrer Funktion sowie zu Ihrer Beteiligung innerhalb der Methodenerstellung in der Dampfturbinenfertigung an.

a	Ich bin/war zum Zeitpunkt der Erarbeitung...	...Jungfacharbeiter im Fertigungsbereich ...erfahrener/anlernender Mitarbeiter im Ferti gungsbereich ...Führungskraft im Fertigungsbereich ...beruflich mit dem Bereich Ausbildung betraut ...Arbeitnehmervertreter	□ □ □ □ □
b	Ich war in die Erstellung der Methode sowie der Aufnahmebögen für die Dampfturbinenfertigung involviert	Ja, ich habe auch an den Gruppenrunden teilgenommen, die Bögen mitgestaltet und angewandt Ich war über das Vorgehen informiert, habe aber nicht an den Gruppenrunden und der Erarbeitung teilgenommen Nein, ich war nicht involviert	□ □ □

Bitte kreuzen Sie bei den nachfolgenden Aussagen zur „Methode zur Optimierung des Wissenstransfers im Anlernprozess“ an inwiefern und in welchem Grad Sie den Aussagen zustimmen bzw. nicht zustimmen. Können oder möchten Sie eine Aussage nicht beurteilen kreuzen Sie bitte entsprechend das Feld „Kann/möchte ich nicht beurteilen“ an.

Für Ergänzungen und Kommentare nutzen Sie bitte das Freitextfeld „Was ich noch ergänzen möchte“, welches sich am Ende jeder Fragenkategorie befindet.

Abbildung 10.9: Expertenbefragung (Teil 1)

Anwendung der Methode und Aufnahmebögen		-3	-2	-1	1	2	3	0
		Stimme gar nicht zu	Stimme überwiegend nicht zu	Stimme eher nicht zu	Stimme eher zu	Stimme überwiegend zu	Stimme voll zu	Kann/ möchte ich nicht beurteilen
1	Ich habe die Methode verstanden	□	□	□	□	□	□	□
2	Ich kann/könnte die Methode anwenden	□	□	□	□	□	□	□
3	Die Methode ist in den Alltag des Anlernens integrierbar	□	□	□	□	□	□	□
4	Der Aufnahmebogen bietet die Möglichkeit die zur Prozessdurchführung relevanten Informationen aufzunehmen	□	□	□	□	□	□	□
5	Die erarbeiteten Aufnahmebögen können auch an anderen Maschinenarbeitsplätzen (ggf. mit geringer Anpassung) angewandt werden	□	□	□	□	□	□	□
6	Durch die Methode wird/hat sich die Kommunikation zwischen Jungfacharbeiter und Experte hinsichtlich der Wissensinhalte positiv verändert	□	□	□	□	□	□	□
7	Die Methode bietet eine strukturierte und systematische Vorgehensweise	□	□	□	□	□	□	□
8	Die Systematik hinter der Methode empfinde ich als unterstützend	□	□	□	□	□	□	□
9	Durch Anwendung der Methode werden Handlungen tiefergehend hinterfragt (was wird getan?)	□	□	□	□	□	□	□
10	Durch Anwendung der Methode werden die Gründe des Handelns mehr hinterfragt (Warum wird es so getan?)	□	□	□	□	□	□	□
11	Die ausgefüllten Aufnahmebögen dienen als wertvolles Nachschlagewerk für die Ersteller	□	□	□	□	□	□	□
12	Bei Anwendung der Methode ist ein Qualifikationszuwachs zu erwarten / erfolgt	□	□	□	□	□	□	□
13	Die Methode unterstützt den anzulernenden Mitarbeiter Prozesse sicherer und zielgerichteter durchzuführen	□	□	□	□	□	□	□
14	Die Methode unterstützt den anzulernenden Mitarbeiter dabei kritische Situationen besser/effektiver zu meistern	□	□	□	□	□	□	□
Was ich noch ergänzen möchte:								

Abbildung 10.10: Expertenbefragung (Teil 2)

	Gemeinsame Erarbeitung in Gruppenrunden	**-3** Stimme gar nicht zu	**-2** Stimme überwiegend nicht zu	**-1** Stimme eher nicht zu	**1** Stimme eher zu	**2** Stimme überwiegend zu	**3** Stimme voll zu	**0** Kann/ möchte ich nicht beurteilen
1	Die Mitarbeiter stehen der Thematik „Optimierung des Anlernprozesses“ am Anfang eher kritisch gegenüber	□	□	□	□	□	□	□
2	Die Akzeptanz zur Mitarbeit steigt während der Gruppenrunden/des Erarbeitungsprozesses	□	□	□	□	□	□	□
3	Die Motivation zur Mitarbeit steigt während der Gruppenrunden/des Erarbeitungsprozesses	□	□	□	□	□	□	□
4	Ich finde es gut, dass die Methode mit den Mitarbeitern der entsprechenden Arbeits-plätze gemeinsam entwickelt wird	□	□	□	□	□	□	□
5	Es sollte lieber eine einheitliche fertige Methode entwickelt und vorgestellt werden, die sofort anwendbar ist (ohne die Mitarbeiter zu involvieren)	□	□	□	□	□	□	□
6	Die Leitung der Gruppenrunden durch einen unbeteiligten Moderator empfinde ich als zielführend	□	□	□	□	□	□	□
7	Die Gruppenzusammensetzung finde ich zielführend (JFA's, Spezialisten und Teamleiter)	□	□	□	□	□	□	□
8	Ich würde folgende Zusammensetzung bevorzugen. (Bitte Verbesserungsvorschläge rechts eintragen)	………………………………………						
Fragen speziell an die am Gruppenprozess/Erarbeitungsprozess beteiligten Mitarbeiter (Fragen 9-12):								
9	Ich habe das Arbeitsklima innerhalb der Gruppenrunden als positiv wahrgenommen	□	□	□	□	□	□	□
10	Alle Teilnehmer waren gleichberechtigt in den Prozess involviert	□	□	□	□	□	□	□
11	Ich konnte während der gemeinsamen Erarbeitung meine Ideen und Wünsche zu Inhalt und Aufbau der Methode äußern	□	□	□	□	□	□	□
12	Meine Ideen und Wünsche zu Inhalt und Aufbau wurden (sofern möglich) übernommen	□	□	□	□	□	□	□
Was ich noch ergänzen möchte:								

Abbildung 10.11: Expertenbefragung (Teil 3)

Bedeutung für Anlernprozess		-3 Stimme gar nicht zu	-2 Stimme überwiegend nicht zu	-1 Stimme eher nicht zu	1 Stimme eher zu	2 Stimme überwiegend zu	3 Stimme voll zu	0 Kann/möchte ich nicht beurteilen
1	Die Methode leistet einen Beitrag zur Systematisierung des Anlernprozesses	☐	☐	☐	☐	☐	☐	☐
2	Bei konsequenter Anwendung der Methode kann die Anlernzeit reduziert werden	☐	☐	☐	☐	☐	☐	☐
3	Die voraussichtliche Reduzierung der Anlernzeit schätze ich auf ......%. (Bitte die geschätzte Prozentzahl rechts eintragen)	....%						
Was ich noch ergänzen möchte:								

Bedeutung für die Organisation		-3 Stimme gar nicht zu	-2 Stimme überwiegend nicht zu	-1 Stimme eher nicht zu	1 Stimme eher zu	2 Stimme überwiegend zu	3 Stimme voll zu	0 Kann/möchte ich nicht beurteilen
1	Ich finde es wichtig geeignete Maßnahmen für den Erhalt und den Transfer von Spezial- und Erfahrungswissen in der Fertigung zu etablieren	☐	☐	☐	☐	☐	☐	☐
2	Ich finde es wichtig, dass das Spezial- und Erfahrungswissen erfahrener Mitarbeiter in der Organisation gehalten wird	☐	☐	☐	☐	☐	☐	☐
	Die Methode leistet einen wichtigen Beitrag...							
3	...zum Erhalt der Fachkompetenz in der Einzelfertigung	☐	☐	☐	☐	☐	☐	☐
4	...zur schnelleren Flexibilisierung von anzulernenden Mitarbeitern (Jungfacharbeitern)	☐	☐	☐	☐	☐	☐	☐
5	...zur Reduzierung des Risikos von Wissensverlust erfahrener Mitarbeiter	☐	☐	☐	☐	☐	☐	☐
Was ich noch ergänzen möchte:								

Abbildung 10.12: Expertenbefragung (Teil 4)

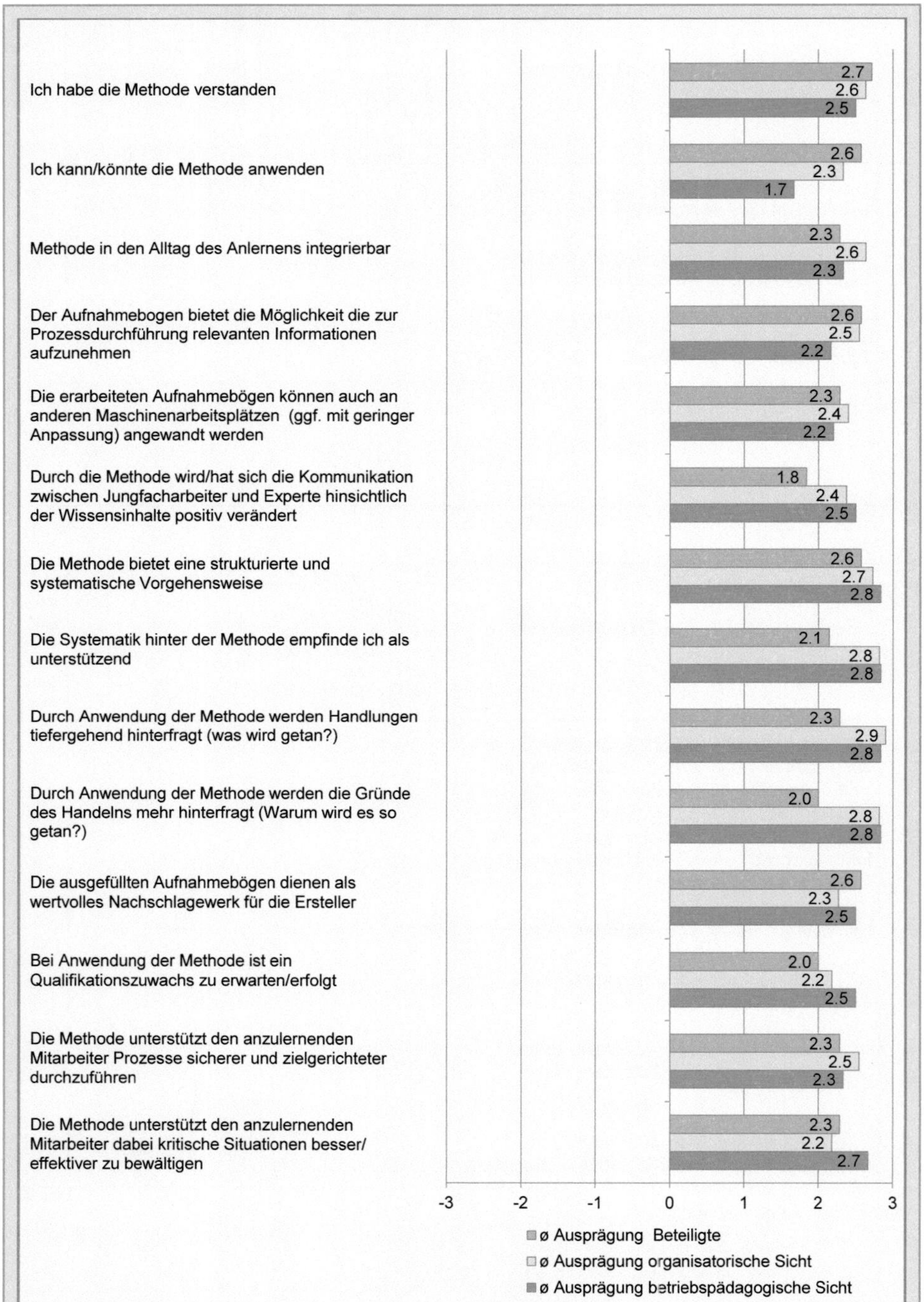

Abbildung 10.13: Ergebnis der Expertenbefragung - Anwendung der Methode und Aufnahmebögen

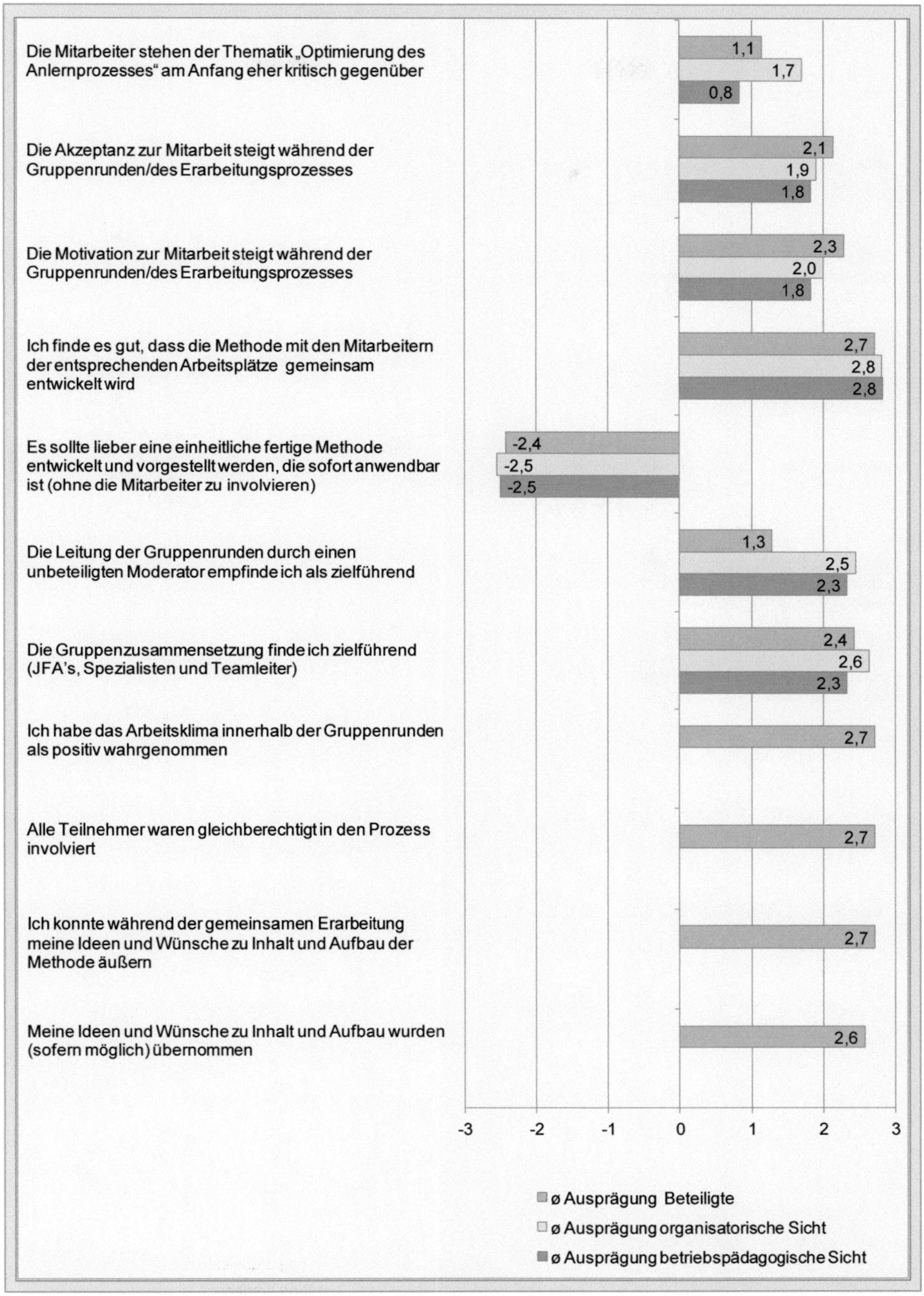

Abbildung 10.14: Ergebnis der Expertenbefragung - Gemeinsame Erarbeitung in Gruppenrunden

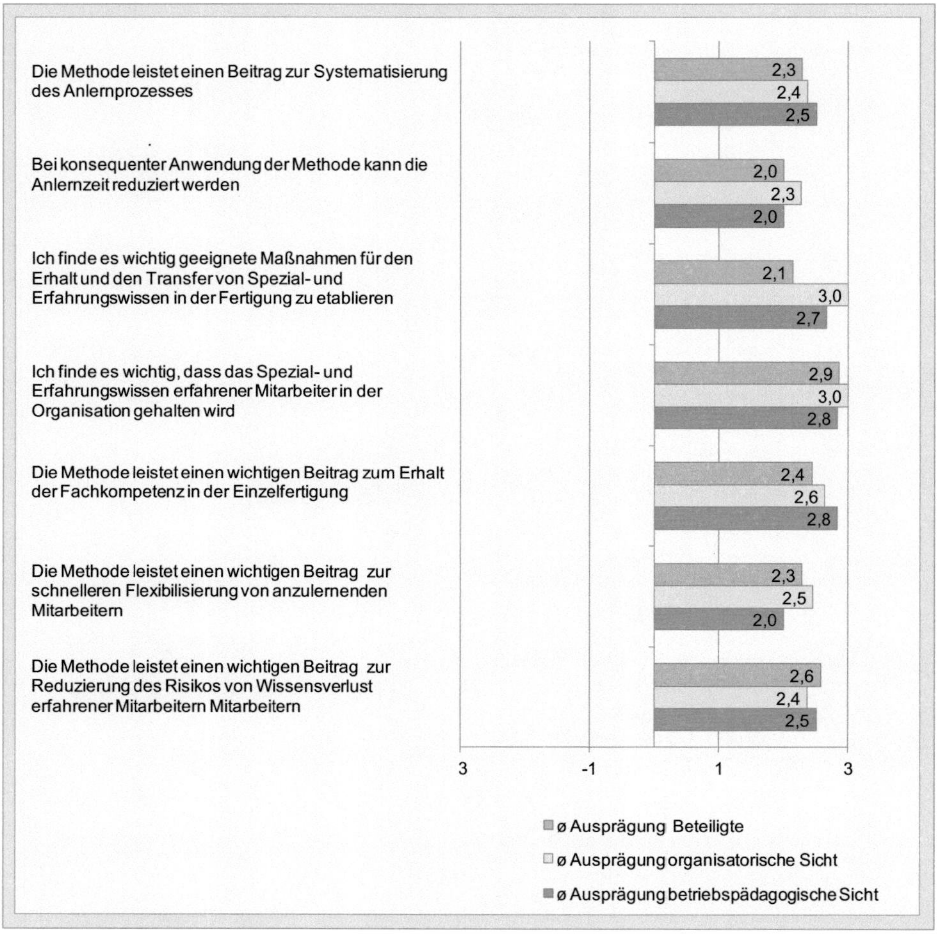

Abbildung 10.15: Ergebnis der Expertenbefragung - Bedeutung für Anlernprozess und Organisation